机械设计基础系列课程教材

机械原理学习指导
（第3版）

A Guide to Theory of
Machines and Mechanisms
Third Edition

申永胜　主编
Shen Yongsheng

U0283854

清华大学出版社
北　京

内 容 简 介

本书是在第 2 版的基础上,根据教育部高等学校机械基础课程教学指导分委员会最新制定的"机械原理课程教学基本要求"和"机械原理课程教学改革建议"的精神,结合近几年来教学改革实践的经验修订而成的。

本书作为《机械原理教程(第 3 版)》一书的配套用书,仍由上、中、下 3 篇共 15 章组成,大多数章节包括基本要求,重点、难点提示与辅导,典型例题分析,复习思考题和自测题等 5 部分内容,旨在方便教师备课和有利于读者自学,帮助读者更好地理解和掌握该课程的基本概念、基本理论和基本的分析与设计方法,将理论学习与实际应用紧密结合起来。

本书既可作为学生学习"机械原理"课程的辅助教材及教师教学的参考用书,也可作为一般读者自学"机械原理及机械系统方案设计"的辅导读物。

图书在版编目(CIP)数据

机械原理学习指导 / 申永胜主编. —3 版. —北京:清华大学出版社,2015(2023.10重印)
机械设计基础系列课程教材
ISBN 978-7-302-37680-4

Ⅰ.①机… Ⅱ.①申… Ⅲ.①机构学-高等学校-教学参考资料 Ⅳ.①TH111

中国版本图书馆 CIP 数据核字(2014)第 186430 号

责任编辑:庄红权
封面设计:傅瑞学
责任校对:赵丽敏
责任印制:杨 艳

出版发行:清华大学出版社
网　　　址:http://www.tup.com.cn,http://www.wqbook.com
地　　　址:北京清华大学学研大厦 A 座　　　　　邮　编:100084
社 总 机:010-83470000　　　　　　　　　　　　邮　购:010-62786544
投稿与读者服务:010-62776969,c-service@tup.tsinghua.edu.cn
质量反馈:010-62772015,zhiliang@tup.tsinghua.edu.cn
印 装 者:三河市少明印务有限公司
经　销:全国新华书店
开　本:185mm×260mm　　印　张:10.75　　字　数:261 千字
版　次:1999 年 10 月第 1 版　2015 年 1 月第 3 版　印　次:2023 年 10 月第 11 次印刷
定　价:32.00 元

产品编号:060033-03

第3版前言

本书是《机械原理教程(第3版)》一书的配套用书,其前两版的书名为《机械原理辅导与习题》。本次修订主要作了以下变动:

(1) 本次修订是同《机械原理教程》一书同步进行的,根据《机械原理教程(第3版)》内容的变化,对本书有关内容作了相应的调整和加强。

(2) 将本书前两版各章中的习题部分,经过增删和精选,移到了《机械原理教程(第3版)》一书的相应章节之后,将本书的目标集中定位于学习指导上。

修订后的本书更名为《机械原理学习指导》,以期使其更切合本书的辅导功能。

全书由上、中、下3篇共15章组成,大多数章节包括基本要求,重点、难点提示与辅导,典型例题分析,复习思考题和自测题等5部分内容。

本书既可作为学生学习机械原理课程的主要辅导用书,也可作为教师贯彻课程教学基本要求、备课和组织研讨课的依据,同时对从事机械工程领域工作的工程技术人员也具有一定的参考价值。

参加本书修订工作的人员有:申永胜(第1章、第3章、第5章、第8章、第9章、第12章、第14章),郝智秀(第2章、第6章、第10章),阎绍泽(第4章、第7章),程嘉(第11章)、肖丽英(第13章、第15章)。本书由申永胜任主编,负责全书的统稿、修改和定稿。

值此第3版出版之际,谨对为本书前两版编写工作作出贡献的人员表示诚挚的感谢。本书在修订过程中,参阅了一些同类著作,在此特向其作者表达谢意。

由于编者水平所限,书中疏漏欠妥之处在所难免,敬请广大读者批评斧正。

申永胜

2014年6月于清华园

第 2 版前言

本书第 1 版自 1999 年出版以来,以其鲜明特色受到有关专家和同行的广泛关注,先后被评为"普通高等教育'九五'国家级重点教材"和"面向 21 世纪课程教材"。短短几年间,已连续印刷 10 余次,被众多高等学校作为教学用书,受到广大教师和学生的一致好评,并于2001 年获"国家级教学成果二等奖",2002 年获"全国普通高等学校优秀教材一等奖"。

本书是在第 1 版的基础上修订而成的。修订时,以教育部高等学校机械基础课程教学指导分委员会 2004 年最新制定的"机械原理课程教学基本要求"为依据,参考了课程教学指导分委员会提出的"机械原理课程教学改革建议",并吸取了近几年教学改革的成功经验和同行专家及广大读者的意见。鉴于本书是《机械原理教程》一书的配套用书,本次修订是同《机械原理教程》一书的修订同步进行的。

多年的教学改革实践使作者深切感到,激发学生的学习兴趣,以知识为载体培养学生正确的思维方式和方法及自主获取知识的能力,是高等学校教师的重要任务。本次修订中,作者力求更好地贯彻这一教学理念。书中简要阐明了本课程教学的基本要求;具体指出了各章的重点和难点以及学习时容易出现的问题和错误;通过对若干精选典型例题的分析,帮助学生巩固所学知识,掌握正确的解题思路和方法;通过一定数量的复习思考题和习题,帮助学生学以致用;通过若干有代表性的自测题,使学生能够自己检查对基本内容的掌握程度,发现学习中存在的问题,以利于自学。

本书是《机械原理教程》第 2 版的配套用书,既可作为学生学习机械原理课程的主要辅助教材,也可作为教师贯彻本课程教学基本要求和组织讨论课的依据。

参加本书修订工作的人员有:申永胜(前言、第 3 章、第 5 章、第 8 章、第 9 章、第 11 章、第 14 章),翁海珊(第 1 章、第 6 章、第 13 章、第 15 章),郝智秀(第 2 章、第 12 章),阎绍泽、贾晓红(第 4 章),于晓红(第 7 章、第 10 章)。本书由申永胜任主编,负责全书的统稿、修改和定稿。

值此第 2 版出版之际,谨对为本书第 1 版编写作出贡献的人员表示深情感谢。本书在修订过程中,参阅了一些同类著作,在此特向其作者表示诚挚的谢意。

由于编者水平所限,书中疏漏欠妥之处在所难免,敬请广大读者批评斧正。

申永胜

2005 年 9 月于清华园

第 1 版前言

学分制的实施和课内学时的减少,为学生自主学习提供了条件。为帮助学生更好地自主学习,我们编写了本书,作为《机械原理教程》一书的配套用书。

书中简要阐明了本课程教学的基本要求;具体指出了各章的重点和难点以及学习时容易出现的问题和错误;通过若干典型例题和复习思考题,帮助学生巩固所学知识,掌握正确的解题思路和方法,并提供解题规范;通过一定数量的精选习题,帮助学生学以致用;通过若干自测题,使学生能够自己检查对基本内容的掌握程度,发现自身学习中存在的问题,以利于自学。

本书可作为教师贯彻本课程教学基本要求和组织讨论课的依据,同时作为学生学习本课程的主要参考书。

参加本书编写工作的有申永胜(前言、第 3 章、第 5 章、第 8 章、第 9 章及第 14 章部分内容),翁海珊(第 1 章、第 13 章、第 14 章部分内容、第 15 章),郝智秀(第 2 章)、方嘉秋(第 4 章),汤晓瑛(第 6 章、第 11 章、第 12 章)和于晓红(第 7 章、第 10 章)。全书由申永胜教授担任主编。

由于我们水平所限,疏漏欠妥之处在所难免,恳请机械原理课程教师和广大读者批评指正。

申永胜
1999 年 3 月于清华园

目录

上篇　机构的运动设计

中篇　机械的动力设计

下篇　机械系统的方案设计

上篇 机构的运动设计

　　机电产品的设计都是为了满足某种特定的功能要求,而这些功能要求往往是通过机构的动作来实现的,因此,机构的运动设计在机械系统方案设计中占有重要的地位。

　　本篇首先论述机构的组成和结构分析,然后介绍各种常用机构的类型、运动特点、功能和运动设计的方法。这些常用机构包括连杆机构、凸轮机构、齿轮机构、轮系、间歇运动机构、其他常用机构、组合机构、开式链机构等。全篇重点讨论闭式链机构,也适当介绍开式链机构;每章重点讨论平面机构,也适当介绍空间机构。目的在于使读者在进行机电产品设计时,既有广阔的视野,又有坚实的基本功。本篇的学习将为机械系统的方案设计打下必要的机构学方面的基础。

　　通过本篇的学习,读者应在熟练掌握机构的组成和结构的有关知识的基础上,重点掌握连杆机构、凸轮机构、齿轮机构、轮系、间歇运动机构、组合机构各章的有关内容,同时对其他常用机构和开式链机构有所了解。

1 机构的组成和结构分析

1.1 基本要求

(1) 熟练掌握机构运动简图的绘制方法。能够将实际机构或机构的结构图绘制成机构运动简图;能看懂各种复杂机构的机构运动简图;能用机构运动简图表达自己的设计构思。

(2) 掌握运动链成为机构的条件,能对构思的简单设计方案进行分析,判断其能否实现预期功能。

(3) 熟练掌握机构自由度的计算方法。能自如地运用自由度计算公式计算平面机构的自由度。能准确识别出机构中存在的复合铰链、局部自由度和虚约束,并作出正确处理。

(4) 掌握机构的组成原理和结构分析的方法。了解高副低代的方法;会判断杆组、杆组的级别和机构的级别;学会根据机构组成原理,用基本杆组、原动件和机架创新构思新机构的方法;学会将Ⅱ级、Ⅲ级机构分解为机架、原动件和若干基本杆组的方法。

1.2 重点、难点提示与辅导

本章是进入整个机械系统设计的开篇。它不仅为学习各类机构的运动设计和动力设计打下必要的基础,也为机械系统方案设计和新机构的创新设计提供一条途径。

机构运动简图的绘制、运动链成为机构的条件和机构的组成原理是本章学习的重点。

1. 基本概念

根据本章的知识要点提出以下基本概念,为了便于掌握,将相关概念成组列出。读者应通过比较,掌握各概念的定义、特点以及与相关概念间的不同点和相互间的联系。

(1) $\begin{cases} \text{零 件} \\ \text{构 件} \begin{cases} \text{原(主)动件} \\ \text{从 动 件} \\ \text{机 架} \end{cases} \end{cases}$

(2) $\begin{cases} \text{自由度} \\ \text{约 束} \end{cases}$

(3) $\begin{cases} \text{运 动 副} \begin{cases} \text{空间运动副} \\ \text{平面运动副} \end{cases} \\ \text{运动副元素} \end{cases}$

(4) $\begin{cases} \text{杆组} \\ \text{运动链} \begin{cases} \text{闭(式)链} \\ \text{开(式)链} \end{cases} \end{cases}$

$$(5)\begin{cases}机构运动简图\\机构示意图\\机械系统示意图\end{cases} \qquad (6)\begin{cases}复合铰链\\局部自由度\\虚约束\end{cases}$$

$$(7)\begin{cases}运动副的级别\\杆组的级别\\机构的级别\end{cases} \qquad (8)\begin{cases}机构组成原理\\机构结构分析\end{cases}$$

$$(9)\begin{cases}机构\\机器\\机械\end{cases}$$

这里需要特别强调构件与零件的区别。零件是加工制造的单元,而构件是作为一个整体参与运动的单元。一个构件可能是一个零件,也可以是若干个零件的刚性组合。机械原理以构件作为研究对象,将构件视为刚体,且往往不考虑构件本身的材料、形状和截面尺寸,这一点与理论力学课程相似。初学者往往由于区分不清构件与零件的区别,而在绘制机构运动简图和计算自由度时出错,因此要特别注意。

初学者容易出错的另一个问题是对运动副概念的理解。两个构件直接接触而形成的一种可动联接称为运动副。这一定义包含有三层含义:其一,两个构件——所谓"副"是"成对"的意思,只有两个构件才能构成一个运动副,一个构件不存在运动副,两个以上的构件则构成多个运动副(例如复合铰链);其二,直接接触——两个构件只有通过直接接触才能成"副",由于直接接触,使构件的某些独立运动受到约束,两构件间相对的运动自由度便随之减少,一旦脱离接触,约束即不复存在,则它们所构成的运动副亦随之消失;其三,可动联接——直接接触的两个构件之间要能产生一定形式的相对运动,形成可动联接,才能叫做运动副,若两个构件之间形成的是不能产生相对运动的"死"联接,则二者将合成为一个构件,它们之间也就不存在运动副。初学者在计算运动链自由度时可能出现的错误中,大多与对运动副的上述三层含义理解得不透彻有关。建议读者通过具体实例,逐步加深对运动副概念的理解。

2. 机构运动简图的绘制

机构运动简图是一种用简单的线条和符号来表示的工程图形语言,也是设计者交流设计思想所需要的一种工具。它既要简洁,又要在讨论和评价设计方案时能正确表达设计思想;在计算自由度时,不至于数错构件数和运动副数;在作运动分析和力分析时,能保证计算无误。故运动简图应能正确表达出机构以哪些构件组成和构件间以什么运动副相联接以及各运动副之间的尺寸等,即表达出机构的组成形式,显示出设计方案。

由于机构运动简图是用来进行原理方案设计和分析的而不是用于结构设计和加工制造的,所以不可用机械的零部件图和总装图来代替。

1) 绘制运动副时应注意的事项

(1) 绘制转动副时,转动副的位置是关键:代表转动副小圆的圆心必须与回转中心重合;两个转动副中心连线的长度一定要精确。偏心轮和圆弧形滑块是转动副的特殊形式。它们的绘制是易错点。绘制时关键是要找出相对转动中心,具体可见1.3节的典型例题分析中的例1.1。

　　(2) 绘制移动副时,导路的方向和位置是关键。必须注意:代表移动副的滑块,其导路的方向必须与相对移动的方向一致;导路间的夹角要精确,并要标注(如图 1.1);转动副到移动副导路间的距离要精确,若某一构件分别以转动副和移动副与另两个构件相联接,且转动副的回转中心不在移动副的导路上,则应标出转动副到导路的距离,即偏心距 e (如图 1.2)。

图 1.1　导路间夹角的表示方法

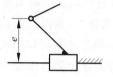

图 1.2　偏心距的表示方法

　　2) 绘制构件时应注意的事项

　　(1) 任意形状的构件,当它只以两个转动副与其他构件相联接,且外形轮廓也不以高副与其他构件相接触时,简图中只需以两个转动副几何中心的连线代表此构件。

　　(2) 尽量减少构件前后重叠时虚线可能引起的误会。例如,有时可变通地把小齿轮或外形小的凸轮、棘轮等移至大齿轮的前面,即画成实线,这在机械制图中是绝对不允许的,但在绘制运动简图时,只要不影响表达机构的组成和运动特性,这种变通是允许的。

　　(3) 当同一轴上安装若干零件时,必须明确表明哪些零件为同一构件。当不便以焊接符号表示时,还可用构件编号来表达,即不同构件标不同编号,同一构件中的不同零件(例如固结于同一轴上的大、小齿轮或齿轮与凸轮)则标以同样的构件编号,并在编号右上角加上不同的撇号以示区别,如 3,3′,3″。

　　3) 绘制机构运动简图时应注意的事项

　　(1) 机构运动简图、机构示意图和机械系统示意图的区别

　　当设计者只是为了表达机构的组成,讨论初步的设计构思,表达机构的动作原理而不需精确进行运动学、动力学计算时,可不必严格地按比例绘制运动副的精确位置和构件的准确尺寸,只需绘制机构示意图。在正式提交设计方案或要作定量的运动分析和动力分析时,则必须严格按比例绘制机构运动简图。这两种图形一般只绘制某一个或几个执行机构、传动机构或驱动机构。当需要包含从原动机开始的整个传动系统、执行系统时,则需要绘制机械系统示意图,其绘制方法与机构示意图相同。一些非常用机构的简图符号,可查阅国标 GB 4460—1984。

　　(2) 机构运动简图绘制的步骤

　　机构运动简图的绘制是本章的一个重点,也是一个难点。初学者一般可按下列步骤进行。

　　① 分析机械的实际工作情况,确定原动件(驱动力作用的构件)、机架、从动件系统(包括执行系统和传动系统)及其最后的执行构件。

　　② 分析机械的运动情况,从原动件开始,循着运动传递线,分析各构件间的相对运动性质,确定构件的总数、运动副的种类和数目。

　　③ 合理选择投影面。选择多数构件的运动平面或平行于运动平面的平面作投影面。必要时可选择辅助投影面或局部简图:将主投影面上无法表达的部分在辅助投影面上表达,

然后展开到主投影面的同一平面上;而将主投影面简图上难以表达清楚的部分,另绘局部简图。

④ 测量构件尺寸,选择适当比例尺,定出各运动副之间的相对位置,用表达构件和运动副的简单符号绘出机构运动简图。在机架上加上阴影线,在原动件上标上箭头,按传动路线给各构件依次标上构件号 1,2,3,…将各运动副标上字母 $A,B,C,$…

⑤ 为保证机构运动简图与实际机械有完全相同的结构和运动特性,对绘制好的简图需进一步检查与核对:简图上的构件数目与原机构的构件数是否相等;简图上的构件间的联接形式,即运动副及其数目和相对位置与原机构是否一致,简图上原动件和固定件与原机构是否一致;根据简图计算自由度,看其与实际机构的原动件数目是否相等。

(3) 绘制和使用机构运动简图时需要注意的问题

① 熟记常用运动副的符号和表示方法。机构运动简图与工程图纸(装配图)不同,切记不要把机械制图中的一些画法照搬到机构运动简图中来。

② 在机构运动简图中,主要标出各运动副的位置及与运动有关的尺寸,运动副之间的连线即表示构件,一般不考虑构件本身的形状和截面尺寸。

③ 掌握比例尺的应用。在机构运动简图中,以及在后面有关章节中,当用图解法对机构进行运动分析和力分析时,正确地选择和应用比例尺非常重要。本课程中所用的比例尺,与机械制图中的"比例"不尽相同,初学者往往容易搞混,需要特别注意。在图纸上用一定长度的线段来表示一个实际的物理量时(如长度、速度、加速度和力),该线段的长度(图示长度)与实际物理量之间存在着下述关系

$$\mu = \frac{实际物理量}{图示长度}$$

我们用符号 μ_L、μ_v、μ_a 和 μ_p 来分别表示长度、速度、加速度和力的比例尺,其单位分别是:$\frac{mm}{mm}\left(或\frac{m}{m}\right)$、$\frac{mm/s}{mm}\left(或\frac{m/s}{m}\right)$、$\frac{mm/s^2}{mm}\left(或\frac{m/s^2}{m}\right)$ 和 $\frac{N}{mm}$。图上一定长度的线段只是实际物理量的代表线段,二者之间并不相等。因此,当将一个实际物理量用代表它的线段画到图上去时,必须除以相应的比例尺,即

$$图示长度 = \frac{实际物理量}{\mu}$$

而根据图示长度求出它所代表的实际物理量时,则必须乘以相应的比例尺,即

$$实际物理量 = 图示长度 \times \mu$$

提醒初学者务必熟练掌握上述比例尺的概念及其应用,以免在以后章节的学习中出现不应有的错误。

3. 机构自由度的计算

判断所设计的运动链能否成为机构,是本章的重点。运动链成为机构的条件是:运动链相对于机架的自由度大于零,且原动件数目等于运动链的自由度数目。

机构自由度的计算错误会导致对机构运动的可能性和确定性的错误判断,从而影响机械设计工作的正常进行,因此机构自由度计算是本章学习的重点之一。在计算机构自由度时,应注意以下几点。

1）正确使用机构自由度计算公式

首先要正确判断机构是属于平面机构还是空间机构。

空间机构一般采用公式

$$F = 6n - 5p_5 - 4p_4 - 3p_3 - 2p_2 - p_1$$

来计算自由度,但在计算前一定要判断是否存在公共约束,若存在 q 个公共约束,则自由度计算应使用下式:

$$F = (6-q)n - \sum_{k=q+1}^{5}(k-q)p_k$$

而平面机构一般采用公式

$$F = 3n - 2p_5 - p_4$$

来计算自由度

自由度计算公式选用是否恰当,是自由度计算正确与否的关键。

本章的重点是要求读者熟练掌握平面机构的自由度计算。

2）搞清构件、运动副、约束的概念

概念清楚才能正确判断活动构件数、运动副的类型和各类运动副的数目。

构件是独立的运动单元体。对于貌似能独立运动,实际上不能作相对运动的所谓"构件"的组合应看作一个构件。例如图 1.3 中 AB,BC,AC,AD,CD 5 杆,其实是桁架结构,应视作一个构件。图 1.4 所示的杆件 3、凸轮 $3'$ 和齿轮 $3''$,固结为一体同轴同速转动,应视为一个构件。

运动副是指两个构件直接接触形成的可动联接。要构成运动副必须满足以下条件:要有两个构件相接触,一个构件构不成运动副,两个以上的构件在一处接触可能构成多个运动副(见图 1.5);两构件要直接接触,否则不可能对构件的某些独立运动产生约束或限制,不能形成运动副;两构件要形成可动联接,若形成不可相对运动的联接,则这种联接称为固结,这两个"构件"实际上为一个构件。

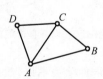

图 1.3　5 个零件组成一个构件

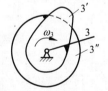

图 1.4　3 个零件组成一个构件

3）正确识别和处理机构中存在的复合铰链、局部自由度和虚约束

准确识别复合铰链、局部自由度和虚约束,并做出正确处理,是自由度计算中的难点,也是初学者容易出现错误的地方。

（1）复合铰链

复合铰链是指两个以上的构件在同一处以转动副相联接时组成的运动副。准确识别复合铰链的关键是要分辨哪几个构件在同一处形成了转动副。 图 1.5 中列举了一些较难辨别的情况。图(a)中杆 1,2 与机架 3 组成两个转动副;图(b)中杆 1,2 与滑块 3 形成两个转动副;图(c)中,杆 1,滑块 2 与机架 3 形成两个转动副;图(d)中,杆 1、滑块 2、滑块 3 形成两个转动副;图(e)中,杆1、滑块3、齿轮2组成两个转动副;图(f)中,齿轮1、滑块2和机架3组成两个转动副。

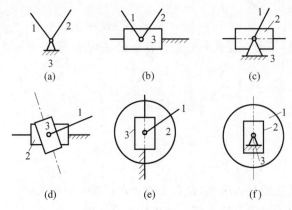

图 1.5　复合铰链示例

复合铰链的正确处理方法是:**若有 k 个构件在同一处形成复合铰链,则其转动副的数目应为 $(k-1)$ 个。**

（2）局部自由度

局部自由度是机构中某些构件所具有的自由度,它仅仅局限于该构件本身,而并不影响其他构件的运动。局部自由度常发生在为减小高副元素间摩擦磨损而将滑动摩擦变成滚动摩擦所增加的滚子处。图 1.6 中滚子 3 绕其中心 D 转动的自由度就是局部自由度。若不作任何处理就简单地套用自由度计算公式,则得

$$F = 3n - 2p_5 - p_4 = 3 \times 5 - 2 \times 6 - 1 = 2$$

计算结果比机构的实际自由度数大,产生了与事实不符的现象。正确的处理方法是:在计算自由度时,从机构自由度计算公式中将局部自由度减去,即

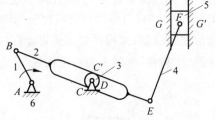

图 1.6　局部自由度的识别

$$F = 3n - 2p_5 - p_4 - 局部自由度数$$
$$= 3 \times 5 - 2 \times 6 - 1 - 1 = 1$$

也可以将滚子 3 视为与机架 6 固结为一体,预先将滚子这个构件除去不计,然后再利用公式计算自由度,即

$$F = 3n - 2p_5 - p_4 = 3 \times 4 - 2 \times 5 - 1 = 1$$

（3）虚约束

虚约束是机构中所存在的不产生实际约束效果的重复约束。在计算自由度时,若对虚约束不加识别和处理,直接套用公式计算,则计算结果将比机构的实际自由度数目少,导致与事实不符的现象。正确的处理方法是:**在计算自由度时,首先将引入虚约束的构件及其运动副除去不计,然后用自由度公式进行计算。**

虚约束都是在一定的几何条件下出现的。这些几何条件有些是暗含的,如两构件组成若干移动副,但移动副导路互相平行;两构件组成若干转动副,但转动副的轴线互相重合;两构件组成若干平面高副,但各接触点的公法线彼此重合;以及某些不影响机构运动传递的重

复部分等。有些则是明确给定的。**对于暗含的几何条件,需通过直观判断来识别虚约束;对于明确给定的几何条件,则需通过严格的几何证明才可识别。**

教程中给出了通常发生虚约束的一些场合,并给出了相应的实例,读者可以通过复习和作业熟练掌握。这里再通过几个例子加以说明。

在图 1.6 所示的机构中,滑块 5 和机架 6 虽组成两个移动副 G 和 G',但它们的导路互相平行,故其中一个为虚约束,应除去不计;滚子 3 与构件 2 虽组成两个平面高副 C 和 C',但它们接触点的公法线彼此重合,故其中一个为虚约束,也应除去不计。即在计算该机构自由度时,移动副 G 和 G' 只算一个,高副 C 和 C' 也只算一个。

图 1.7 所示为精压机的机构运动简图。如果仅从运动的传递来看,只需要右边一套机构(即 $ABCDEFG$)就足够了,这时 $n=7$,$p_5=10$,$p_4=0$,$F=3n-2p_5-p_4=1$。但是考虑到只有右边一套机构将因滑块悬臂而引起偏载使受力情况恶化,故在实际工作中,在左边加了一套机构 $DHJI$,且使 $DH=DE$,$JH=FE$,$HI=EG$。因左边增加的这套机构与右边原有机构完全对称而并不影响滑块的运动,故增加部分引入的约束为虚约束。在计算机构自由度时,应将其除去不计。

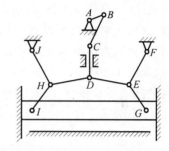

图 1.7 精压机的机构运动简图

需要指出的是,**机构中的虚约束并不是在计算自由度时人为设置的障碍,而是"有的放矢"的积极措施**。虚约束的引入,或者是为了改善构件的受力状况;或者是为了传递较大的功率;或者是为了某些特殊的需要。对于初学本课程的读者来说,基本的要求是能够判断出是否存在虚约束,并找出引入虚约束的运动链,以便正确计算机构的自由度;在此基础上,逐渐积累正确运用虚约束的知识和经验,以期在今后的设计工作中能够主动地去运用虚约束。如前所述,虚约束都是在一定的几何条件下出现的,如果这些几何条件不满足,则虚约束将会变成有效约束,从而使得机构不能运动。因此,**在使用虚约束时,不仅要在设计阶段切实保证出现虚约束的几何条件的成立,而且在加工、装配和调试过程中,也要切实保证精度。**

4. 高副低代

进行高副低代的目的有两个:其一,将含有高副的平面机构进行低代后,即可将其视为只含低副的平面机构,就可以根据机构组成原理和结构分析的方法对其进行结构分类,并运用低副平面机构的分析方法对其进行分析和研究;其二,高副低代及其逆过程——低副高代,是机构变异的重要方法之一,而机构变异是进行创新机构设计的重要途径,通过它可以构筑新的机构型式,产生多种设计方案。正因为如此,虽然高副低代不是本章的重点,读者仍应掌握其基本原理。

1)替代的瞬时性和替代前后的不变性

由于在大多数情况下,不同瞬时高副接触点处的曲率中心不同,其曲率中心到构件固定回转轴心的距离也不同,所以在不同位置有不同的瞬时替代机构,即替代具有瞬时性。

所谓替代前后的不变性,是指替代前后机构的自由度、瞬时速度和瞬时加速度保持不变。这是由替代条件所决定的。

2)替代方法

由于一个高副仅引入一个约束,而一个低副却引入两个约束,故不可能以一个低副来代替一个高副。通常可以用一个虚拟构件和两个低副来代替一个高副,因为一个构件和两个低副也引入一个约束,从而可保证替代前后机构自由度保持不变。

组成高副的两个运动副元素的几何形状不同,所选择的虚拟构件的形状和运动副的类型也有所不同。教程中介绍了两运动副元素均为圆形曲线的情况。当高副两元素均为任意曲线时(见图 1.8),可先过接触点 C 作两曲线的公法线,并在其上定出两曲线在接触点 C 处的曲率中心 O_1 及 O_2,然后用一个虚拟构件 O_1O_2 分别在 O_1 点和 O_2 点与两构件 $1,2$ 以转动副相联,铰链四杆机构 AO_1O_2B 即为其替代机构;当高副两元素之一为直线时(见图 1.9(a)),由于直线的曲率中心在无穷远处,故低代时虚拟构件这一端的转动副将转化为移动副,其替代机构如图 1.9(b)所示;当高副两元素之一为一点时(见图 1.10(a)),由于点的曲率为零,曲率中心与两构件的接触点 C 重合,故低代时虚拟构件这一端的转动副 O_2 即在 C 点处,其替代机构如图 1.10(b)所示。

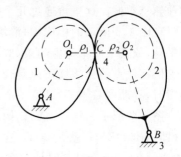

图 1.8   高副两元素为任意曲线时的高副低代

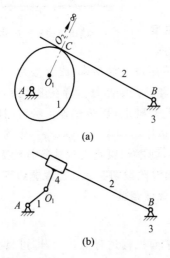

图 1.9   高副两元素之一为直线时的高副低代

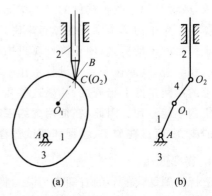

图 1.10   高副两元素之一为一点时的高副低代

5. 机构组成原理与结构分析

机构的组成过程和机构的结构分析过程正好相反,前者是研究如何将若干个自由度为零的基本杆组依次联接到原动件和机架上,以组成新的机构,它为设计者进行机构创新设计提供了一条途径;后者是研究如何将现有机构依次拆成基本杆组、原动件及机架,以便对机构进行结构分类。

1)基本杆组

无论是组成新机构还是对现有机构进行结构分析,都离不开杆组的概念。这里要特别注意:杆组是指自由度为零且不能够再分的构件组。工程实际中最常见的基本杆组是Ⅱ级组(又称双杆组)和Ⅲ级组,教程中给出了常见的型式,希望读者能够在理解的基础上熟记,以便灵活运用。至于其他更高级别的杆组,因工程中使用较少,不必去刻意研究。

2) 机构的级别

不同级别的机构,其运动分析和力分析的方法有各自的特点。鉴别机构的级别,是为了寻求求解机构的运动分析和力分析的途径。需要特别注意的是,机构的级别与杆组的级别既有联系又含义不同。其一,**机构的级别是以机构中所含杆组的最高级别来定义的**;其二,**同一机构,当取不同构件为原动件时,机构的级别有可能会发生变化。**

3) 结构分析的方法

机构结构分析的过程又称为拆杆组,它是本章的难点之一,初学者往往会出现错误。对于一个已有的机构,由于事先并不知道哪个杆组是最后添加上去的,也不知道它是属于哪一级别杆组,因此杆组的拆除带有一定的试拆性质。为了有助于正确拆除杆组,初学者应遵循下述拆杆组原则:

(1) 由离原动件最远的部分开始试拆;

(2) 每试拆一个杆组后,机构的剩余部分仍应是一个完整的机构;

(3) 试拆杆组时,最好先按Ⅱ级组来试拆;如果无法拆除(指拆除之后剩余部分不能构成一个完整机构),意味着拆除有误,再试拆高一级杆组;

(4) 拆杆组结束的标志是只剩下原动件和机架所组成的Ⅰ级机构。

这里需要特别注意两点:其一,**所谓离原动件"最远",主要不是指在空间距离上离原动件最远,而是指在传动关系和传动路线上离原动件最远**;其二,**每拆除一个杆组,剩余的部分应该仍为一个完整的机构,这是判别拆除过程是否正确的准则,必须遵守。**初学者往往在这两点上出错。

教程中用流程图的形式给出了拆杆组的具体步骤和过程,读者可根据该流程框图结合具体实例进行复习和掌握。

1.3　典型例题分析

例 1.1　试绘制图 1.11(a)所示的蒸汽机配气机构的运动简图,并计算其自由度。同时确定机构所含杆组数目、级别及该机构的级别。

解　先对机构作以下分析:

(1) 调整手柄 9 与轮 8′(固定于机架 8)的相对位置,可改变气阀 6 的移动位置以调节进气管的大小。调整结束后,当机构开始正常运转时,由于手柄 9 的位置是固定不动的,故其不再作为活动构件,运动简图中可不出现。

(2) 整个配气机构的运动,是由原动件偏心轮 1 和 1′绕 O 轴转动,通过连杆 2,3 及弧形导槽 4、摇杆 7 及滑块 5,带动气阀 6 作往复移动来达到配气目的的。

(3) 由于两个偏心轮 1 和 1′是装在同一固定轴 O 上,并绕其作同速转动,故可看作一体,以轮 1 和 1′的几何中心 A,B 到旋转中心 O 的曲柄 AOB 来表示。

(4) 由于气阀 6 与阀体 8″之间在多处构成导路平行的移动副,故产生虚约束。在计算自由度时,应按两构件间只构成一个移动副处理。

根据以上分析,按机构运动简图的绘制步骤可绘出如图 1.11(b)所示的机构运动简图。机构的自由度为

$$F = 3n - 2p_5 - p_4 = 3 \times 7 - 2 \times 10 = 1$$

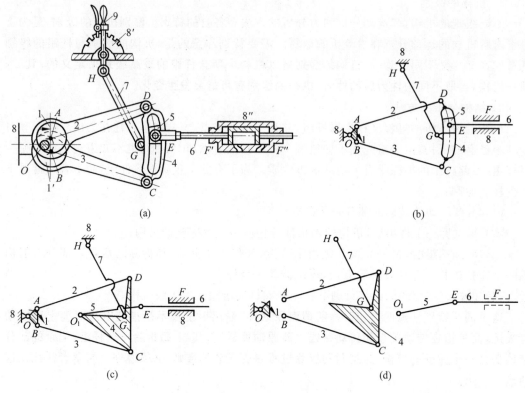

图 1.11　例 1.1 图

若考虑到圆弧形导槽与滑块间形成的运动副是转动副的特殊形式,可以它们的相对转动中心为转动副 O_1,则又可绘出如图 1.11(c)所示的机构运动简图。

对机构进行结构分析。从传动关系上离原动件最远的构件开始试拆杆组,先拆下构件 5,6 及转动副 O_1,E,移动副 F 所组成的Ⅱ级杆组,剩下的部分中无法再拆出Ⅱ级杆组,只可拆下由构件 2,3,4,7 及 6 个转动副所组成的Ⅲ级杆组。所以,此机构是由如图 1.11(d)所示的机架 8、主动件 1、一个Ⅱ级组和一个Ⅲ级组所组成。该机构属Ⅲ级机构。

例 1.2　图 1.12 所示为一飞机水平尾翼操纵机构的运动简图。其中,构件 1 为机架,操纵杆 2 为原动件,有时还可从襟翼输入(即构件 12 摆动)或从稳定增效器输入(即构件 7 相对构件 14 移动),构件 8 为输出杆。试求各种输入方式下机构的自由度。

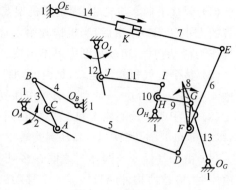

图 1.12　例 1.2 图

解　该机构有 4 种输入方式。

(1) 仅从操纵杆输入

当襟翼不输入运动时,杆 9,10,11,12 和 13 均不运动,铰链 G 为固定铰链;当稳定增效器不输入运动时,杆 7 与杆 14 为一定长杆,可视为 1 个构件。此时机构只有 7 个活动构件,以 10 个转动副相联接。机构自由度为

$$F = 3n - 2p_5 - p_4 = 3 \times 7 - 2 \times 10 = 1$$

（2）由操纵杆和襟翼同时输入

此时有 12 个活动构件，组成 17 个转动副，其中 G 为复合铰链。机构自由度为

$$F = 3n - 2p_5 - p_4 = 3 \times 12 - 2 \times 17 = 2$$

（3）由操纵杆和稳定增效器同时输入

此时，杆 7 和杆 14 为两个活动构件，共有 8 个活动构件，组成 10 个转动副、1 个移动副 K。机构自由度为

$$F = 3n - 2p_5 - p_4 = 3 \times 8 - 2 \times 11 = 2$$

（4）由操纵杆、襟翼、稳定增效器同时输入

此时，机构有 13 个活动构件，以 18 个低副相联接。机构自由度为

$$F = 3n - 2p_5 - p_4 = 3 \times 13 - 2 \times 18 = 3$$

例 1.3 试计算如图 1.13（a）所示机构的自由度，并分析此机构的组成情况。已知 $DE = FG$，$DF = EG$，$DH = EI$。

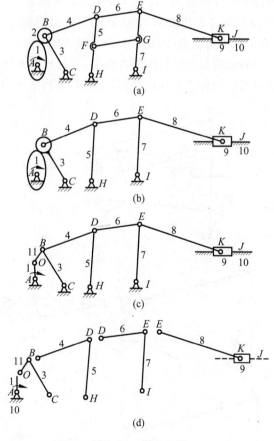

图 1.13 例 1.3 图

解 （1）自由度计算

这是同时具有复合铰链、局部自由度和虚约束的典型例题。计算自由度时要注意 D 和 E 为复合铰链；滚子 2 绕其自身几何中心 B 转动的自由度为局部自由度；由于 $DFHIGE$ 的

特殊几何尺寸关系,构件 FG 的存在只是为了改善平行四杆机构 $DHIE$ 的受力状况等目的,对整个机构的运动不起约束作用,故 FG 杆及其两端的转动副所引入的约束为虚约束。在计算机构自由度时,除去 FG 杆及其带入的约束、除去滚子 2 引入的局部自由度并将其与杆 3 固结,得图 1.13(b)。若将凸轮与滚子组成的高副以一个虚拟构件 11 和两个转动副作高副低代,可得图 1.13(c)。

按图 1.13(b)计算机构自由度:

$$F = 3n - 2p_5 - p_4 = 3 \times 8 - 2 \times 11 - 1 = 1$$

按图 1.13(c)计算机构自由度:

$$F = 3n - 2p_5 - p_4 = 3 \times 9 - 2 \times 13 = 1$$

用以上两种方法计算机构自由度所得结果相同,说明高副低代不会影响机构的自由度。

(2) 分析机构的组成情况

对图 1.13(c)作结构分析。从传动关系上离原动件最远的构件 9 开始拆杆组,先拆一个由构件 8 和 9、转动副 E 和 K、移动副 J 组成的Ⅱ级杆组,剩余部分仍为完整的机构;再依次拆下 3 个Ⅱ级杆组:构件 6,7 及转动副 I,E,D;构件 4,5 及转动副 H,D,B;构件 11,3 及转动副 C,B,O;最后剩下由原动件 1 和机架 10 组成的Ⅰ级机构,如图 1.13(d)所示。此机构由 4 个Ⅱ级杆组和一个Ⅰ级机构组成,因此是一个Ⅱ级机构。

例 1.4 试计算图 1.14(a)所示冲压机构的自由度,并分析在下列情况下组成机构的基本杆组及机构的级别:(1)当以构件 1 为原动件时;(2)当以构件 6 为原动件时。

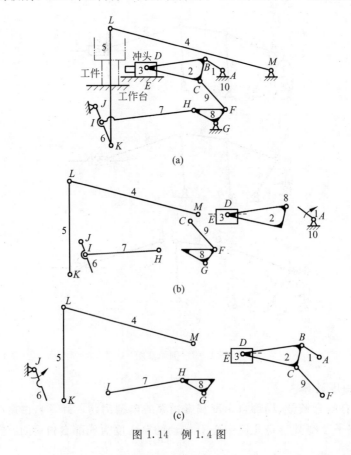

(a)

(b)

(c)

图 1.14 例 1.4 图

解　(1)机构的自由度计算：

$$F = 3n - 2p_5 - p_4 = 3 \times 9 - 2 \times 13 - 0 = 1$$

(2)分析当构件1作为原动件时机构的组成情况。首先从传动路线上离原动件最远的构件4开始试拆杆组，先拆下由构件4,5和转动副K,L,M组成的Ⅱ级杆组；接着依次拆下3个Ⅱ级杆组：构件6,7和转动副J,I,H；构件8,9和转动副C,F,G；构件2,3和转动副B，D及移动副E；最后剩下由原动件1和机架10组成的Ⅰ级机构，如图1.14(b)所示。由于组成该机构的基本杆组的最高级别是Ⅱ级组，故该机构为Ⅱ级机构。

(3)分析当构件6为原动件时机构的组成情况。首先从传动路线上离原动件最远的构件3(冲头)开始试拆杆组。先试拆Ⅱ级组。从图1.14(a)中可以看出，如果拆除构件3和2、移动副E、转动副D和B，则构件1和转动副C均会失去联接对象，导致剩余部分不再是一个完整机构；如果拆除构件3和2、移动副E、转动副D和C，则构件9和转动副B也均会失去联接对象，导致剩余部分也不再是一个完整的机构。因此试拆Ⅱ级杆组失败。再试拆Ⅲ级杆组，即拆除构件3,2,1,9，移动副E和5个转动副，由于剩余部分仍是一个完整机构，故拆除成功。然后再依次拆除两个Ⅱ级组：构件7,8和转动副G,H,I；构件4,5和转动副K，L,M。最后剩下由原动件6和机架组成的Ⅰ级机构，如图1.14(c)所示。由于组成该机构的基本杆组的最高级别为Ⅲ级组，故该机构为Ⅲ级机构。

该例说明，同一机构，当更换原动件时，机构的级别也可能改变。

例1.5　试计算图1.15(a)所示电锯机构的自由度，并分析该机构的组成情况。

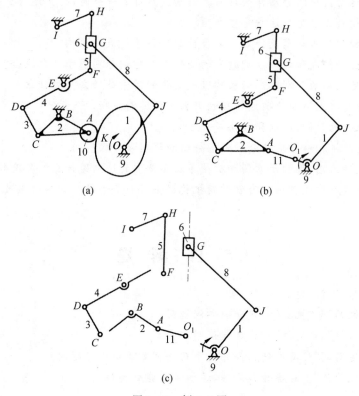

图 1.15　例1.5图

解 (1)自由度计算

从图 1.15(a)中可以判断出滚子处具有局部自由度,先将滚子 10 与构件 2 视为一体,然后用平面机构自由度计算方式计算该机构的自由度:

$$F = 3n - 2p_5 - p_4 = 3 \times 8 - 2 \times 11 - 1 \times 1 = 1$$

(2)分析机构的组成情况

这是一个含有高副的平面机构,首先对原机构作如下处理:将滚子 10 的局部自由度去除,将 K 处的高副进行低代,得到如图 1.15(b)所示的机构运动简图。然后进行机构结构分析:从传动关系上离原动件 1 最远的部分开始试拆杆组,依次拆除由构件 6 和 8、7 和 5、4 和 3、2 和 11 组成的 4 个 Ⅱ 级杆组,最后剩下原动件 1 和机架 9,如图 1.15(c)所示。由于组成该机构的杆组的最高级别为 Ⅱ 级组,故该机构为 Ⅱ 级机构。

1.4 复习思考题

1. "构件是由多个零件组成的","一个零件不能成为构件"的说法是否正确? 构件和零件的本质区别是什么?

2. 运动链成为机构的条件是什么?

3. 机构运动简图有什么用途? 它着重表达机构的哪些特征?

4. 绘制机构运动简图的步骤是什么? 应注意哪些事项?

5. 当一个运动链中的原动件数目与其自由度数目不一致时,会出现什么情况?

6. 计算机构自由度时应注意哪些事项?

7. 组成机构的基本单元是什么? 符合什么条件才能成为机构?

8. 对机构进行组成和结构分析的目的是什么? 它们分别用于什么场合?

9. 如何确定机构的级别? 影响机构级别变化的因素是什么? 为什么?

10. 杆组有何特点? 如何确定杆组的级别? 试举例说明。

11. 高副低代的目的、原则和方法是什么?

12. 试叙述对机构进行结构分析时拆杆组的原则和步骤。

13. 机构运动简图、机构示意图和机械系统示意图的区别是什么? 各有什么用途?

*14. 为什么说机构组成原理为创造新机构提供了一条途径? 如何运用此理论进行机构创新设计?

1.5 自 测 题

1-1 试回答下列问题:

(1)何谓"机器"和"机构"? 试分别举例说明。

(2)何谓"零件"和"构件"? 试举例说明其区别。

(3)何谓"运动副"? 满足什么条件两个构件间才能构成运动副?

(4)何谓"运动链"? 具备什么条件,运动链才能成为机构?

带 * 号的题可在学习完本课程后,在总复习时完成。

（5）何谓"杆组"？满足什么条件，若干构件才能组成杆组。

（6）何谓"机构的级别"？何谓"Ⅰ级机构"？

1-2　试作以下构思：

（1）构思一个执行构件作移动、自由度为1的Ⅱ级机构。

（2）构思一个双自由度机构，并标明原动件。

1-3　图1.16所示为水平吊运货物起重机的两个工位。试绘制其中一个工位的机构运动简图，并计算其自由度。

1-4　图1.17所示为偏心油泵。试绘制机构的运动简图，并计算其自由度。

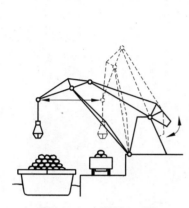

图1.16　自测题1-3图

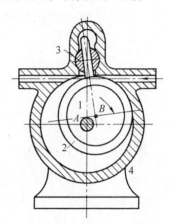

图1.17　自测题1-4图

1-5　试判别图1.18所示运动链能否成为机构，并说明理由。若不能成为机构，请提出修改办法。

1-6　图1.19所示为一设计人员初拟的简易冲床的设计方案。设计者的思路是：动力由齿轮1输入，带动齿轮2连续转动；与齿轮2固接在一起的凸轮2′与杠杆3组成的凸轮机构将带动冲头4作上下往复运动，从而达到冲压工件的目的。试按比例绘制出该设计方案的运动简图，分析该方案能否实现设计意图，并说明理由。若不能，请在该方案的基础上提出两种以上修改方案，并画出修改后方案的运动简图。

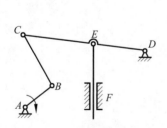

图1.18　自测题1-5图

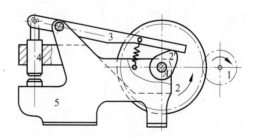

图1.19　自测题1-6图

1-7　图1.20所示为自动送料剪床机构，已知 $CD \underline{\underline{/\!/}} FG$，$CE \underline{\underline{/\!/}} GH$。试计算该机构自由度。若有复合铰链、局部自由度和虚约束，请明确指出。

1-8　试分析如图1.21所示刨床机构的组成，并判别机构的级别。若以构件4为原动件，则此机构为几级机构？

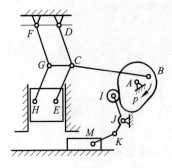

图 1.20   自测题 1-7 图

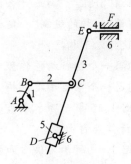

图 1.21   自测题 1-8 图

2 连杆机构

2.1　基本要求

（1）了解平面四杆机构的基本型式，掌握其演化方法。

（2）掌握平面四杆机构的工作特性。

（3）了解平面连杆机构的特点及其功能。

（4）掌握平面连杆机构运动分析的方法，学会将复杂的平面连杆机构的运动分析问题转化为可用计算机解决的问题。

（5）了解平面连杆机构设计的基本问题，熟练掌握根据具体设计条件及实际需要，选择合适的机构型式和合理的设计方法，解决具体设计问题。

（6）了解空间连杆机构的类型及其功能。

2.2　重点、难点提示与辅导

本章内容包括平面连杆机构和空间连杆机构两部分，其中平面连杆机构是本章的重点。通过本章的学习，最终要求达到：根据实际需求，确定连杆机构的类型，选择合适的设计方法设计连杆机构。设计完成后需对所设计的连杆机构进行运动特性和传力特性分析，校验此机构是否实用，是否满足实际要求。

1. 平面四杆机构的基本型式及其演化方法

平面四杆机构的基本型式为铰链四杆机构，在学习中需要掌握以下基本概念：整转副、摆转副、连杆、连架杆、曲柄、摇杆以及低副运动的可逆性。

铰链四杆机构可以通过 4 种方式演化出其他形式的四杆机构。即①取不同构件为机架；②变转动副为移动副；③杆状构件与块状构件互换；④扩大转动副的尺寸。在曲柄摇杆机构或曲柄滑块机构中，当载荷很大而摇杆（或滑块）的摆角（或行程）不大时，可将曲柄与连杆构成的转动副中的销钉加以扩大，演化成偏心盘结构，这种结构在工程上应用很广。

四杆机构通过选择不同构件为机架可以演化出其他型式。这种演化方式也称为"运动倒置"。这种方法将会在以后的学习中遇到，如本章中将要介绍的"刚化反转法"，凸轮廓线设计中将要介绍的"反转法"及周转轮系传动比计算中将要介绍的"转化机构法"，其原理与此处的"运动倒置"原理完全一样。

以上所述的各种演化方法是通过基本机构变异产生新机构型式的重要方法,故掌握这些演化方法很重要。

2. 平面连杆机构的工作特性

平面连杆机构的工作特性包括运动特性和传动特性两方面。运动特性包括构件具有整转副的条件、从动件的急回运动特性及运动连续性。传力特性包括压力角 α 和传动角 γ 及机构的死点位置。

1) 急回特性

从动件的急回运动程度用行程速比系数 K 来表示,K 的定义为从动件回程平均角速度和工作行程平均角速度之比。

机构具有急回特性必有 $K>1$,则极位夹角 $\theta>0$。极位夹角的定义是指当机构的从动件分别位于两个极限位置时,主动件曲柄的两个相应位置之间所夹的锐角。θ 和 K 之间的关系为

$$\theta = (K-1)/(K+1) \times 180°$$
$$K = (180°+\theta)/(180°-\theta)$$

它们之间的关系应记住。

这里需要提醒读者注意的是:有时某一机构本身并无急回特性,但当它与另一机构组合后,此组合后的机构并不一定亦无急回特性。机构有无急回特性,应从急回特性的定义入手进行分析。

2) 压力角和传动角

压力角和传动角是很重要的两个概念,在今后的学习中常常会遇到。压力角是指在不计摩擦时,机构从动件上某点所受驱动力的作用线与此点速度方向线之间所夹的锐角,用 α 表示。传动角为压力角之余角,用 γ 表示。

压力角是衡量机构传力性能好坏的重要指标。因此,对于传动机构,应使其 α 角尽可能小(γ 尽可能大)。

连杆机构的压力角(或传动角)在机构运动过程中是不断变化的。从动件处于不同位置时有不同的 α 值,在从动件的一个运动循环中,α 角存在一个最大值 $\alpha_{\max}$。在设计连杆机构时,应注意使 $\alpha_{\max} \leqslant [\alpha]$。

3) 死点位置

机构在运动过程中,当从动件的传动角 $\gamma=0°(\alpha=90°)$ 时,驱动力与从动件受力点的运动方向垂直,其有效分力等于零,这时机构不能运动,称此位置为死点位置。

在曲柄摇杆机构或曲柄滑块机构中,若以曲柄为主动件,这两种机构均不存在死点位置。但当以摇杆或滑块为主动件、曲柄为从动件时机构存在死点位置,即当连杆与曲柄共线时为死点位置,此时压力角为 $90°$,传动角为 $0°$,曲柄所受的转动力矩为零,再大的力也不能使曲柄转动。**此处应注意:"死点"、"自锁"与机构的自由度 $F\leqslant 0$ 的区别。自由度小于或等于零,表明该运动链不是机构而是一个各构件间根本无相对运动的桁架;死点是在不计摩擦的情况下机构所处的特殊位置,利用惯性或其他办法,机构可以通过死点位置,正常运动;而自锁是指机构在考虑摩擦的情况下,当驱动力的作用方向满足一定的几何条件时,虽然机构自由度大于零,但机构却无法运动的现象。死点、自锁是从力的角度分析机构的运动情况,而自由度是从机构组成的角度分析机构的运动情况。**

3. 平面连杆机构的运动分析

平面连杆机构运动分析的方法很多。可根据实际情况选用。教程中介绍了3种方法即瞬心法、整体运动分析法和杆组法，这3种方法各有特色，应用也很广。

1）瞬心法

瞬心法是利用机构的瞬时速度中心求解机构的运动问题。瞬心分绝对瞬心和相对瞬心，前者是指等速重合点的绝对速度为零；后者是指等速重合点的绝对速度不为零。

任意两个构件无论它们是否直接形成运动副都存在一个瞬心。故若机构全部构件数为n，则共有$N=n(n-1)/2$个瞬心。求瞬心的方法有两种：一种是通过直接观察；一种是利用三心定理。利用瞬心法可以进行某一瞬时构件的角速度之比、构件的角速度和构件上某点的速度分析。进行运动分析时不受机构级别的限制，当所求构件与已知构件相隔若干构件时，也可直接求得。在用瞬心法进行速度分析时，需要用到哪个瞬心找哪个瞬心，不必找出所有瞬心后求解。**在机构构件数较少的情况下，利用瞬心法对机构进行速度分析不失为一种简洁的方法。**

2）整体运动分析法

平面机构整体运动分析法的原理就是把所研究的机构置于一个直角坐标系中，自始至终都把整个机构作为研究对象，建立机构的运动参数与机构尺寸参数之间的解析表达式，由已知参数求解出待求参数。在机构整体运动分析过程中，首先要建立机构运动的位置表达式，然后对位置表达式分别求一次和二次导数即可得到机构的速度和加速度表达式，通过对相应表达式的求解得到所分析构件的位置、速度和加速度。

3）杆组法

杆组法的理论依据为机构组成原理。其基本思路是将一个复杂的机构按照机构组成原理分解为一个个比较简单的单杆构件和基本杆组。在用计算机对机构进行运动分析时，就可以根据机构组成情况的不同，直接调用已编好的单杆构件和常见杆组运动分析的子程序，从而使主程序的编写大为简化。至于单杆构件和常见杆组运动分析的子程序已有比较完善、成熟的软件，无需使用者自己编写，读者可根据具体情况调用即可。

在用杆组法对机构进行分析时，位置分析是关键，在位置分析的基础上分别对时间求一阶、二阶导数就可得到速度和加速度分析的结果。在调用各杆组运动分析的子程序时，需特别注意：首先要根据机构的初始位置判断该杆组的装配形式，然后分析位置模式系数，给位置模式系数M赋值（+1或-1）。

需要提醒读者注意的是，要学会如何把一个复杂的问题转化为可以用计算机解决的问题，这涉及基本能力的培养，希望引起读者重视。

机构整体运动分析法和杆组法均为机构运动分析的解析法，针对分析问题的不同特点，前者是把整个机构作为分析对象，而后者则是把基本杆组作为分析对象。解析法的关键是建立所分析对象的位置表达式。

4. 平面连杆机构的设计

平面连杆机构运动设计常分为三大类设计命题：刚体导引机构的设计、函数生成机构的设计和轨迹生成机构的设计。由于平面四杆机构可以选择的机构参数是有限的，而实际设计问题中各种设计要求往往是多方面的，故一般设计只能是近似实现，在具体设计中可选用

表　2.1

设　计　命　题	设　计　求　解	分　　析
1. 已知两个连架杆的两组对应角位置,设计四杆机构	 AB_1C_1D 为所求,解为无穷多个	已知 AB 杆长,设计时选 CD 杆 I 位置为参考位置,以 D 为轴,将 DB_2 按逆时针方向旋转$(\psi_1 - \psi_{II})$角,得转位点 B_2',铰链点 C_1 应位于 B_1B_2' 的中垂线上
	 AB_2C_2D 为所求,解为无穷多解	已知 AB 杆长,设计时选 CD 杆 II 位置为参考位置,以 D 为轴,将 DB_1 按顺时针方向旋转$(\psi_1 - \psi_{II})$角,得转位点 B_1',铰链点 C_2 应位于 B_2B_1' 的中垂线上
	 AB_1C_1D 为所求,解为无穷多个解	已知 CD 杆长,设计时选 AB 杆 I 位置为参考位置,将 AC_2 按逆时针方向旋转$(\varphi_1 - \varphi_{II})$角,得转位点 C_2',铰链点 B_1 应位于 C_1C_2' 的中垂线上

续表

设 计 命 题	设 计 求 解	分　　析
1. 已知两个连架杆的两组对应角位置，设计四杆机构	AB₂C₂D 为所求，无穷多个解	已知 CD 杆长，设计时选 AB 杆Ⅱ位置为参考位置，将 AC₁ 按顺时针方向旋转 $(\varphi_I-\varphi_{II})$ 角，得转点位置 C_1'，铰链点 B_2 应位于 C_2C_1' 的中垂线上
2. 已知两连架杆的两组对应角位置，设计四杆机构	AB₁C₁D 为所求，无穷多个解	已知 AB 杆长，设计时选 CD 杆Ⅰ位置为参考位置，将 DB₂ 按顺时针方向旋转 $(\psi_I-\psi_{II})$ 角，得转点位置 C_1，铰链点 B_2' 应位于 B_1B_2' 的中垂线上（亦可以选Ⅱ位置为参考位置，将 DB₁ 按逆时针方向旋转 $(\psi_I-\psi_{II})$ 角） 若已知 CD 杆长，设计时可分别取 AB 杆Ⅰ或Ⅱ位置为参考位置，设计方法同前

续表

设 计 命 题	设 计 求 解	分　　析
3. 已知曲柄滑块机构中曲柄与滑块的两组对应位置,设计该机构	AB_1C_1 为所求,无穷多个解	设计时选 AB 杆 I 位置为参考位置,使 AC_2 按逆时针方向以 A 为轴旋转 $(\varphi_I-\varphi_{II})$ 角,得转位置 C_2',应位于 C_1C_2' 的中垂线上(亦可以选 II 位置为参考位置,使 AC_1 按顺时针方向以 A 为轴旋转 $(\varphi_I-\varphi_{II})$ 角)
4. 设计一曲柄滑块机构,要求曲柄 AB 由初始位置 I 运动至指定位置 II 时,滑块由左向右移动 H	AB_1C_1 为所求,有无穷多个解	由于此时滑块做直线移动,其固定铰链点 D 在无穷远处,故"反转"应变为"反移"。即以 I 位置为参考位置,将 B_2 点沿滑块导路方向向左移 H 得 B_2' 点,铰链点 C_1 应位于 B_1B_2' 的中垂线上

一种或几种方法联合来解决连杆机构的设计问题。基本设计过程如下：

（1）确定设计要求，即对实际要求进行提炼，以便得到与具体设计有关的具体要求，并将这些具体要求加以分类；

（2）初步选定满足以上具体要求的连杆机构型式；

（3）选用合适的设计方法，确定机构参数；

（4）校验与评价，即校核所设计的机构是否满足设计要求及性能要求。

在函数生成机构的设计中，当要求实现几组对应位置，即设计一个四杆机构使其两连架杆实现预定的对应角位置时，可以用所谓的"刚化反转法"求解此四杆机构。这个问题是本章的难点之一。读者应彻底弄懂教程中所述的分析思路及求解方法。

刚化反转法亦适用于曲柄滑块机构的设计，但要注意曲柄滑块机构与曲柄摇杆机构的关系，根据不同的设计命题，分清楚什么情况下"反转"，什么情况下"反移"。

关于刚化反转法设计四杆机构的灵活应用，请参见表 2.1。

从表 2.1 中分析可知，在设计某个连杆机构时，首先应分清已知什么，要设计什么，然后再选定设计参考位置，用刚化反转或反移的方法进行设计。

这种运动倒置的方法是一种带有普遍性的方法，如在凸轮机构设计中所用的反转法，在轮系的传动比计算中所用的转化机构法等，均是运动倒置的原理。

2.3　典型例题分析

例 2.1　在图 2.1 中，已知 $l_{BC}=100\text{mm}$，$l_{CD}=70\text{mm}$，$l_{AD}=50\text{mm}$，AD 为固定件。

（1）如果该机构能成为曲柄摇杆机构，且 AB 为曲柄，求 l_{AB} 的值；

（2）如果该机构能成为双曲柄机构，求 l_{AB} 的值；

（3）如果该机构能成为双摇杆机构，求 l_{AB} 的值。

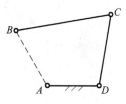

图 2.1　例 2.1 图

解　这是一个需要灵活运用格拉霍夫（Grashoff）定律的题目。

（1）如果能成为曲柄摇杆机构，则机构必须满足"最长杆与最短杆长度之和小于或等于其他两杆长度之和，且 AB 为最短杆"。则有

$$l_{AB}+l_{BC}\leqslant l_{CD}+l_{AD}$$

代入各杆长度值，得

$$l_{AB}\leqslant 20\text{mm}$$

（2）如果能成为双曲柄机构，则应满足"最长杆与最短杆长度之和小于或等于其他两杆长度之和，且机架 AD 为最短杆"。则

① 若 BC 为最长杆，即 $l_{AB}\leqslant 100\text{mm}$，则

$$l_{BC}+l_{AD}\leqslant l_{AB}+l_{CD}$$

$$l_{AB}\geqslant 80\text{mm}$$

所以　　　　　　　　　　　　$80\text{mm}\leqslant l_{AB}\leqslant 100\text{mm}$

② 若 AB 为最长杆，即 $l_{AB}\geqslant 100\text{mm}$，则

$$l_{AB}+l_{AD}\leqslant l_{BC}+l_{CD}$$

$$l_{AB} \leqslant 120\text{mm}$$

所以　　　　　　　　　　　　$$100\text{mm} \leqslant l_{AB} \leqslant 120\text{mm}$$

将以上两种情况进行分析综合后,l_{AB} 的值应在以下范围内选取,即

$$80\text{mm} \leqslant l_{AB} \leqslant 120\text{mm}$$

(3) 若能成为双摇杆机构,则应分两种情况分析:第一种情况,机构各杆件长度满足"杆长之和条件",但以最短杆的对边为机架;第二种情况,机构各杆件长度不满足"杆长之和条件"。在本题中,AD 已选定为固定件,则第一种情况不存在。下面就第二种情况进行分析。

① 当 $l_{AB} < 50\text{mm}$ 时,AB 为最短杆,BC 为最长杆,则

$$l_{AB} + l_{BC} > l_{CD} + l_{AD}$$

$$l_{AB} > 20\text{mm}$$

即　　　　　　　　　　　　$$20\text{mm} < l_{AB} < 50\text{mm}$$

② 当 $l_{AB} \in [50,70)$ 以及 $l_{AB} \in [70,100)$ 时,AD 为最短杆,BC 为最长杆,则

$$l_{AD} + l_{BC} > l_{AB} + l_{CD}$$

$$l_{AB} < 80\text{mm}$$

即　　　　　　　　　　　　$$50\text{mm} \leqslant l_{AB} < 80\text{mm}$$

③ 当 $l_{AB} > 100$ 时,AB 为最长杆,AD 为最短杆,则

$$l_{AB} + l_{AD} > l_{BC} + l_{CD}$$

$$l_{AB} > 120\text{mm}$$

另外,AB 增大时,还应考虑到,BC 与 CD 成伸直共线时,需构成三角形的边长关系,即

$$l_{AB} < (l_{BC} + l_{CD}) + l_{AD}$$

$$l_{AB} < 220\text{mm}$$

则　　　　　　　　　　　　$$120\text{mm} < l_{AB} < 220\text{mm}$$

综合以上情况,可得 l_{AB} 的取值范围为

$$\begin{cases} 20\text{mm} < l_{AB} < 80\text{mm} \\ 120\text{mm} < l_{AB} < 220\text{mm} \end{cases}$$

除以上分析方法外,机构成为双摇杆机构时,l_{AB} 的取值范围亦可用以下方法得到:对于以上给定的杆长,若能构成一个铰链四杆机构,则它只有 3 种类型:曲柄摇杆机构、双曲柄机构、双摇杆机构。故分析出机构为曲柄摇杆机构、双曲柄机构时 l_{AB} 的取值范围后,在 0~220mm 之内的其余值即为双摇杆机构时 l_{AB} 的取值范围。

例 2.2　在图 2.2 所示的插床用转动导杆机构中(导杆 AC 可作整周转动),已知 $l_{AB} = 50\text{mm}$,$l_{AD} = 40\text{mm}$,行程速度变化系数 $K = 2$。求曲柄 BC 的长度 l_{BC} 及插刀 P 的行程 s。

解　此六杆机构由一个对心曲柄滑块机构和一个转动导杆机构组成。由于 AC 可作整周回转,故 P 点的行程 s 为 AD 与 DP 伸直共线和重叠共线时 P 点两位置 P_1 与 P_2 之间沿 AP 线之距离(如图 2.3 所示)。通过分析可知,$s = 2l_{AD} = 80\text{mm}$。

由极位夹角的概念可知,当从动件上 P 点位于其极限位置 P_1 和 P_2 时,相应的主动件 BC 处于 BC_1 和 BC_2 两位置,BC_1 与 BC_2 所夹之锐角即为极位夹角 θ,此处 θ 为 60°,则 $\angle C_1 BC_2 = 120°$,$l_{BC} = l_{AB}/\cos 60° = 100\text{mm}$。

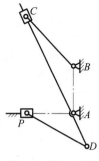
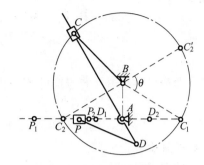

图2.2　例2.2图　　　　　　　　　　　图2.3　例2.2求解过程

通过本题的分析应有两点收获：

（1）对心曲柄滑块机构及转动导杆机构均无急回特性，但当它们组合后就可以有急回特性，机构是否具有急回特性需要具体情况具体分析；

（2）分析机构是否具有急回特性时，应从急回特性的概念出发，找机构的极位夹角，从而确定机构是否具有急回特性。

例2.3　（1）找出图2.4中六杆机构的所有瞬心位置。

（2）角速度比 ω_4/ω_2 是多少？

（3）角速度比 ω_5/ω_2 是多少？

（4）求点 C 的速度。

解　（1）找瞬心位置时，首先分析此六杆机构的瞬心数 $N=15$。它们是：P_{16}，P_{15}，P_{14}，P_{13}，P_{12}，P_{26}，P_{25}，P_{24}，P_{23}，P_{36}，P_{35}，P_{34}，P_{46}，P_{45}，P_{56}。为确保找对以上瞬心，可利用图2.5所示的瞬心多边形。图中，多边形各顶点上的数字代表机构中各构件的编号，两顶点之间的连线代表一个瞬心。各瞬心位置可用所学知识定出：两构件直接组成转动副时，转动副中心即为两构件的瞬心；两构件组成移动副时，瞬心位于垂直于导路的无穷远处；两构件不直接构成运动副时，可运用"三心定理"。所求瞬心位置如图2.4所示。

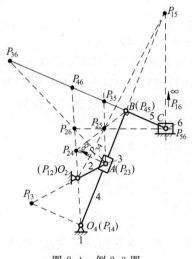
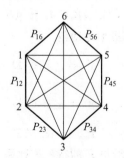

图2.4　例2.3图　　　　　　　　　　　图2.5　瞬心多边形

（2）求 ω_4/ω_2

因 P_{24} 即构件2与构件4上的等速重合点，故有

$$\omega_2 \cdot \overline{P_{12}P_{24}} \cdot \mu_l = \omega_4 \cdot \overline{P_{14}P_{24}} \cdot \mu_l$$

所以
$$\omega_4 / \omega_2 = \overline{P_{12}P_{24}} / \overline{P_{14}P_{24}}$$

（3）求 ω_5 / ω_2

找出构件 2 与构件 5 的等速重合点即 P_{25}，则

$$\omega_2 \cdot \overline{P_{12}P_{25}} \cdot \mu_l = \omega_5 \cdot \overline{P_{15}P_{25}} \cdot \mu_l$$

$$\omega_5 / \omega_2 = \overline{P_{12}P_{25}} / \overline{P_{15}P_{25}}$$

（4）求点 C 的速度

C 为杆 5 上的点，故

$$v_C = \omega_5 \cdot \overline{P_{15}C} \cdot \mu_l$$

$$\omega_5 = \overline{P_{12}P_{25}} / \overline{P_{15}P_{25}} \cdot \omega_2$$

故
$$v_C = \overline{P_{12}P_{25}} \cdot \overline{P_{15}C} / \overline{P_{15}P_{25}} \cdot \omega_2 \cdot \mu_l$$

另外，由于 C 点亦为滑块 6 上的点，滑块 6 上各点速度相等，故也可用 P_{26} 求得，

$$v_C = v_{P_{26}} = \overline{P_{12}P_{26}} \cdot \omega_2 \cdot \mu_l$$

由以上求解过程可知，当用瞬心法求某两构件之角速比或某点速度时，用到的仅为几个与求解有关的瞬心，故在题目中不要求寻找所有的瞬心时，则需用哪个瞬心就找哪个瞬心。此外，在求解构件上某点速度时，可能有多种求解方法。在进行分析时应力求简便。

瞬心法最大的特点是直观，从上题分析中可知，构件间的速度瞬心与构件所处位置有关，瞬心法求出的构件间的角速比或构件的速度具有瞬时性，当机构运动至下一瞬时后，构件间的瞬心位置将发生相应变化，构件间的角速比及构件上某点的速度亦将相应发生变化。

例 2.4　在图 2.6（a）所示的连杆机构中，已知各构件的尺寸为：$l_{AB} = 160\text{mm}$，$l_{BC} = 260\text{mm}$，$l_{CD} = 200\text{mm}$，$l_{AD} = 80\text{mm}$，$l_{DE} = 65\text{mm}$，$l_{EF} = 120\text{mm}$；并已知构件 AB 为原动件，沿顺时针方向匀速回转，试确定：①四杆机构 $ABCD$ 的类型；②该四杆机构的最小传动角 $\gamma_{\min}$；③滑块 F 的行程速比系数 K。

解　① 最短杆为 AD 杆，最长杆为 BC 杆，则

$$l_{BC} + l_{AD} = 340\text{mm} < l_{AB} + l_{CD} = 360\text{mm}$$

以最短杆为机架，A、D 为整转副，根据格拉霍夫定理，得 $ABCD$ 为双曲柄机构。

② 四杆机构 $ABCD$ 传动角的极值出现在 AB 杆与机架 AD 伸直共线或折叠共线的情况，如图 2.6（b）AB_1C_1D 和 AB_2C_2D 中 $\angle B_1C_1D$ 和 $\angle B_2C_2D$，比较这两个位置下传动角的大小，确定最小传动角。

$$\gamma' = \angle B_1C_1D = \arccos \frac{l_{BC}^2 + l_{CD}^2 - (l_{AB} + L_{AD})^2}{2l_{BC}l_{CD}} = 61.264°$$

$$\gamma'' = \angle B_2C_2D = \arccos \frac{l_{BC}^2 + l_{CD}^2 - (l_{AB} - L_{AD})^2}{2l_{BC}l_{CD}} = 13.325°$$

$$\gamma_{\min} = 13.325°$$

③ 求滑块 F 的行程速比系数 K 关键是根据行程速比系数的定义找到当滑块 F 达到其两个极限位置时，对应曲柄 AB 的两个位置。由于 $ABCD$ 是双曲柄机构，则 CD 杆可以绕 D 点做整周转动，考虑到 DE 杆与 CD 杆固结，且夹角为 $90°$，则 DE 杆也可实现整周转动，所以滑块 F 的两个极限位置出现在 DE 杆与 EF 杆伸直共线或折叠共线的情况下，对应曲柄

AB 的两个位置如图 2.6(c) 中的 AB_3 和 AB_4。

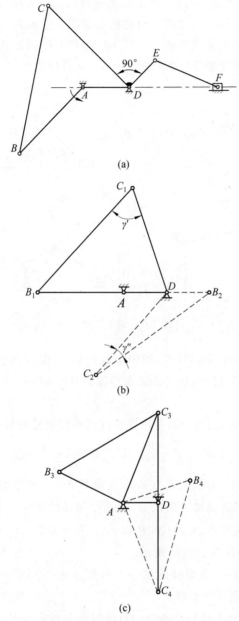

图 2.6　例 2.4 图

经观察发现 C_3，C_4 和 D 共线，且 $C_3C_4 \perp AD$，因此有 $AC_3 = AC_4$，

从而得 $\triangle AB_3C_3 \cong \triangle AB_4C_4$，从 $\triangle AB_3C_3$ 的位置到 $\triangle AB_4C_4$ 相当于一次刚性转动。

$$\angle B_3AB_4 = \angle C_3AC_4 = 2\arctan \frac{l_{CD}}{l_{AD}} = 136.4°$$

$$K = \frac{360° - \angle B_3AB_4}{\angle B_3AB_4} = 1.64$$

双曲柄机构和对心曲柄滑块机构均无急回特性，但是两个机构串联后形成的多杆机构具有急回特性。从本题可知,在分析多杆机构时,需要从急回特性的定义出发分析从动件的极限位置,然后找出对应的原动件位置,确定极位夹角后计算多杆机构的行程速比系数。

例 2.5　图 2.7(a)所示为一铰链四杆机构的示意图。已知其机架的长度 $l_{AD}=100\mathrm{mm}$,摇杆的长度 $l_{CD}=75\mathrm{mm}$,工作要求当角 $\varphi=45°$ 时,摇杆 CD 到达其一个极限位置 DC_1(如图 2.7(b)所示)且要求行程速度变化系数 $K=1.5$。试设计此机构,求出曲柄和连杆的长度 l_{AB} 和 l_{BC}。

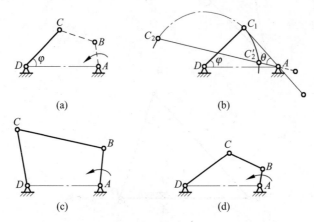

图 2.7　例 2.5 图

解　由于题目中已给出机架的长度,则固定铰链点 A 和 D 的位置即属已知;同时由于从动件的一个极限位置 DC_1 已知,故只要能求得铰链点 C 的另一个极限位置 C_2,题目即可解出。

根据给定的行程速度变化系数 K,可计算出此机构的极位夹角:

$$\theta = 180° \times \frac{K-1}{K+1} = 180° \times \frac{1.5-1}{1.5+1} = 36°$$

根据极位夹角的定义,C_2 点既应在与 AC_1 夹角为 $\theta=36°$ 的直线上,又应在以 D 点为圆心、l_{CD} 为半径的圆弧上。取适当的比例尺 μ_l,根据已知条件确定 A,D 和 C_1,然后以 D 为圆心、DC_1 为半径画圆弧。连接点 A 和 C_1,并以 AC_1 为一边作 $\angle C_1AC_2=\theta=36°$,角的另一边交圆弧于 C_2 和 C_2' 两点,如图 2.7(b)所示。

由于题目中并未指明 DC_1 是摇杆的哪一个极限位置,则 DC_2 和 DC_2' 均可作为摇杆的另一个极限位置。因而此题有两个解:

解一　将 AC_1 视为曲柄与连杆成重合一直线时的右极限位置,则 AC_2 为两者成延长一直线时的左极限位置。于是,

$$l_{AB} = \frac{1}{2}(AC_2 - AC_1)\mu_l = 50(\mathrm{mm})$$

$$l_{BC} = \frac{1}{2}(AC_2 + AC_1)\mu_l = 120(\mathrm{mm})$$

据此画出此解的一般位置,如图 2.7(c)所示。

解二　将 AC_1 视为曲柄与连杆成延长一直线时的左极限位置,则 AC_2' 为两者成重合一直线时的右极限位置。于是,

$$l_{AB} = \frac{1}{2}(AC_1 - AC'_2)\mu_l = 22.5(\text{mm})$$

$$l_{BC} = \frac{1}{2}(AC_1 + AC'_2)\mu_l = 47.5(\text{mm})$$

据此画出此解的一般位置,如图 2.7(d)所示。

本题的关键是根据已知条件,分析出设计题属于由已知极位夹角确定从动件的极限位置,然后设计的问题。在解题过程中要熟知极位夹角的概念并加以灵活应用。

例 2.6 可折叠式座椅的机构简图如图 2.8 所示。已知 $l_{AF}=30\text{mm}$,$l_{FB}=12\text{mm}$。若图示 I 位置为展开状态,此时 $\alpha_1=110°$,$\beta_1=45°$,II 位置为折叠位状态,此时 $\alpha_2=0°$,$\beta_2=0°$。试设计此机构。

解 由图 2.8 中可以看到,I 位置时 HK 杆的上端已经与椅背接触,即 β_1 角不能再大,故可以推出 AB 与 BC 为伸直共线位,则铰链 C 必在 A,B 连线的延长线上,若令 C 点位于 HK 上,则可确定铰链点 C 的位置 C_1,C_2。

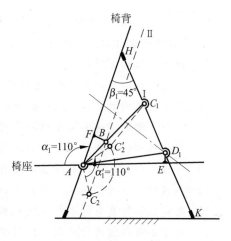

图 2.8 例 2.6 图

为求铰链点 D 的位置,首先分析已知条件:已知铰链点 A,B,若将椅背看作固定件,则 A,B 为两固定铰链,BC,AD 为连架杆。现已知连架杆 BC 的两个位置 BC_1,BC_2,又知 AD 两位置间夹角为 $110°$,且固定铰链 A,B 给定。故此设计命题变为:给定固定铰链 A,B 位置,连架杆 BC 长度并给出两连架杆的两组角位置,求连架杆 CD 上的铰链点 D。可利用刚化反转法求 D 点。D_1 点应位于 C_1 与 C_2 的转位点 C'_2 连线的中垂线上。考虑到实际应用,将 D_1 点选在 $C_1C'_2$ 中垂线与 I 位置线的交点 D_1 处,则 ABC_1D_1 为满足设计命题的四杆机构在 I 位置时的机构简图。

从本题可知,设计问题源于实际,用于实际,故在设计时也不能脱离开实际。有时设计命题给出的条件齐备可以直接用所学方法求解;而有时给定的条件少,而设计参数多,这时就要根据具体情况具体分析,设计时加入合理的条件与约束,使设计参数变少,达到求解目的。当解不唯一时,应从使机构运动学、动力学特性好,保证所设计机构能实际安装和使用入手,确定最终的设计方案。设计完成后,应从设计要求着手进行校验。

2.4 复习思考题

1. 什么叫连杆、连架杆、连杆机构?连杆机构适用于什么场合?不适用于什么场合?

2. 平面四杆机构的基本形式是什么?它有哪几种演化方法?演化目的何在?

3. 什么叫整转副、摆转副?什么叫曲柄?曲柄一定是最短构件吗?机构中有整转副的条件是什么?

4. 什么叫低副运动可逆性?它在连杆机构研究中有何具体应用?

5. 什么叫连杆机构的急回特性?它用什么来表达?什么叫极位夹角?它与机构的急

回特性有什么关系?

6. 什么叫连杆机构的压力角、传动角? 四杆机构的最大压力角发生在什么位置? 研究传动角的意义是什么?

7. 什么叫"死点"? 它在什么情况下发生? 与"自锁"有何本质区别? 如何利用和避免"死点"位置?

8. 机构运动分析包括哪些内容? 对机构进行运动分析的目的是什么?

9. 什么叫速度瞬心? 相对速度瞬心和绝对速度瞬心有什么区别?

10. 什么叫三心定理?

11. 在进行机构运动分析时,速度瞬心法的优点及局限是什么?

12. 什么叫机构的整体运动分析法?

13. 利用机构的整体运动分析法进行机构运动分析的基本思路是什么?

14. 利用机构的整体运动分析法进行运动分析时其位置模式系数 M 如何确定?

15. 什么叫杆组法? 用杆组法对连杆机构进行运动分析的依据是什么?

16. 利用杆组法进行机构运动分析的基本思路是什么?

17. 用杆组法对复杂得多杆 II 级机构进行运动分析的具体步骤是什么?

18. 对常见双杆组进行运动分析时其位置模式系数 M 如何确定?

19. 平面连杆机构设计的基本命题有哪些? 设计方法有哪些? 它们分别适用在什么设计条件下?

20. 在用图解法进行函数生成机构设计时,刚化、反转的目的何在? 其依据是什么?

21. 空间连杆机构有哪些特点?

2.5 自 测 题

2-1 填空

(1) 铰链四杆机构演化成其他型式的四杆机构有_____种方法,它们是_____,_____,_____,_____。

(2) 速度瞬心是两刚体上_____为零的重合点。

(3) 当两构件组成转动副时,其瞬心是_____。

(4) 当两构件不直接组成运动副时,瞬心位置用_____确定。

(5) 铰链四杆机构中,$a=60\text{mm}$,$b=150\text{mm}$,$c=120\text{mm}$,$d=100\text{mm}$(如图 2.9 所示),

① 以 a 杆为机架得_____机构;

② 以 b 杆为机架得_____机构;

③ 以 c 杆为机架得_____机构;

④ 以 d 杆为机架得_____机构。

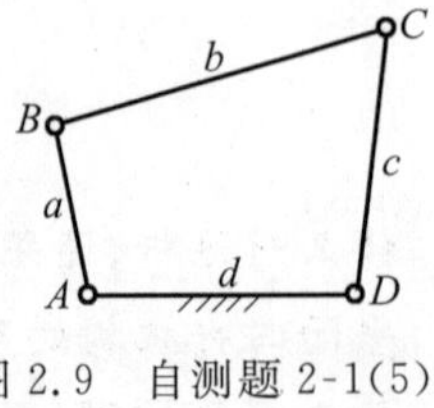

(6) 在曲柄摇杆机构中,当____与____两次共线位置之一时出现最小传动角。

图 2.9 自测题 2-1(5)图

(7) 在曲柄摇杆机构中,当____为主动件,____与____构件两次共线时,则机构出现死点位置。

(8) 铰链四杆机构具有两个曲柄的条件是_____。

(9) 行程速度变化系数 $K = (180° + \theta)/(180° - \theta)$，其中 θ 是极位夹角，它是指_____。

(10) 通常压力角 α 是指_____，传动角 γ 是指_____。

2-2 图 2.10 所示为六杆机构。已知 $l_{AB} = 200\text{mm}, l_{AC} = 585\text{mm}, l_{CD} = 300\text{mm}, l_{DE} = 700\text{mm}, AC \perp EC, \omega_1$ 为常数。试求：

(1) 机构的行程速度变化系数 K；

(2) 构件 5 的冲程 H；

(3) 机构最大压力角 $\alpha_{\max}$ 发生的位置及大小。

2-3 在图 2.11 所示的机构中，已知各构件的尺寸如图所示，构件 2 的角速度为 1rad/s(顺时针转动)，

(1) 确定机构在图示位置的所有瞬心；

(2) 求 ω_6 及 v_D；

(3) 若求一个运动周期内 D 点速度、加速度以及 ω_6，试用杆组法进行分析，并写出计算流程图。

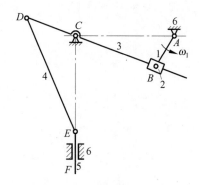

图 2.10　自测题 2-2 图

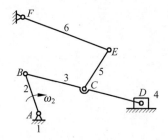

图 2.11　自测题 2-3 图

2-4 图 2.12(a)所示为一割刀机构的示意图。已知固定铰链 A,D 的位置，摆杆 CD 的长度 l_{CD} 及其左极限位置 DC_1，割刀 F 的位置和其行程 H 均如图 2.12(b)所示(作图比例尺 $\mu_l = 25\text{mm/mm}$)，若要求割刀的行程速度变化系数 $K = 1.1$，试设计此机构。

2-5 用手控制操纵一个夹取器来提取物体，夹取器张开范围为 $0 \sim 150\text{mm}$，试设计此机构。

2-6 某生产线的动力源为匀速转动的电动机，执行构件为往复移动的滑块。生产工艺要求滑块的运动需具有急回运动特性。试在如图 2.13 所示的机构运动简图的基础上，根据设计要求完成机构系统简图的设计工作。要求：

(1) 绘出两种以上(含两种)方案；

(2) 在其中一个方案图上标出滑块的工作行程和空回行程，并计算其急回系数(行程速度变化系数)；

(3) 若工作要求行程速度变化系数 $K = 1.5$，试就一个方案进行机构尺度设计。

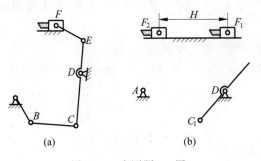

图 2.12   自测题 2-4 图

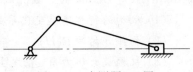

图 2.13   自测题 2-6 图

3 凸轮机构

3.1 基本要求

（1）了解凸轮机构的类型及各类凸轮机构的特点和适用场合,学会根据工作要求和使用场合选择凸轮机构的类型。

（2）掌握从动件几种常用运动规律的特点和适用场合。

（3）掌握运动规律的特性指标,熟悉选择或设计从动件运动规律时应考虑的问题。

（4）掌握从动件运动规律设计的两类常用方法的基本思路。

（5）掌握凸轮机构基本参数确定的原则,学会根据这些原则确定移动滚子从动件盘形凸轮机构的基圆半径、滚子半径和偏置方向以及移动平底从动件盘形凸轮机构的基圆半径、平底宽度和偏置方向。

（6）熟练掌握并灵活运用反转法原理,学会根据这一原理设计各类凸轮的廓线。

（7）掌握凸轮机构设计的基本步骤,学会用计算机对凸轮机构进行辅助设计的方法。

3.2 重点、难点提示与辅导

本章的重点是凸轮机构的运动设计。它涉及:根据使用场合和工作要求选择凸轮机构的型式、根据工作要求和使用场合选择或设计从动件的运动规律、合理选择凸轮机构的基本参数、正确设计出凸轮廓线、对设计出来的凸轮机构进行分析以校核其是否满足设计要求。

1. 凸轮机构的型式选择

根据使用场合和工作要求选择凸轮机构的型式,是凸轮机构设计的第一步,又称为凸轮机构的型综合。由于凸轮和从动件的形状均有多种,加之从动件的运动形式有移动和摆动之分,凸轮与从动件维持高副接触的方法又有力封闭型和形封闭型两种,故凸轮机构的型式多种多样,这就为合理选择凸轮机构的型式提供了可能。教程中介绍了凸轮机构的几种分类方法及各种凸轮机构的特点及适用场合,在设计凸轮机构时,可根据使用场合和工作要求的不同加以选择。

1）各类凸轮机构的特点及适用场合

（1）尖端从动件凸轮机构:优点是结构最简单,缺点是尖端处极易磨损,故只适用于作用力不大和速度较低的场合(如用于仪表机构中),其他场合极少使用。

（2）滚子从动件凸轮机构：优点是滚子与凸轮廓线间为滚动摩擦，磨损较小，可用来传递较大的动力，故应用最广。缺点是加上滚子后使结构较复杂。

（3）平底从动件凸轮机构：优点是平底与凸轮廓线接触处易形成油膜、能减少磨损，且不计摩擦时，凸轮对从动件的作用力始终垂直于平底，受力平稳、传动效率较高，故适用于高速场合。缺点是仅能与轮廓曲线全部外凸的凸轮相作用。

（4）盘形凸轮机构和移动凸轮机构：均属于平面凸轮机构，其特点是凸轮与从动件之间的相对运动是平面运动。当主动凸轮做定轴转动时，采用盘形凸轮机构，当主动凸轮做往复移动时，采用移动凸轮机构。结构上较圆柱凸轮机构简单，特别是盘形凸轮机构应用广泛。

（5）圆柱凸轮机构：属空间凸轮机构，其特点是凸轮与从动件之间的相对运动为空间运动，故适用于从动件的运动平面与凸轮轴线平行的场合。当工作要求从动件的移动行程较大时，采用圆柱凸轮机构要比盘形凸轮机构尺寸更为紧凑。缺点是结构较盘形凸轮复杂，且不宜用在从动件摆角过大的场合。

（6）力封闭型凸轮机构：优点是封闭方式简单、适用于各种类型的从动件，且对从动件的运动规律没有限制。缺点是当从动件行程较大时，所需要的回程弹簧很大。

（7）槽凸轮机构：在形封闭型凸轮机构中，其封闭方式最为简便，且从动件的运动规律不受限制。缺点是增大了凸轮的尺寸及重量，且不能采用平底从动件。

（8）等宽和等径凸轮机构：均属于形封闭型凸轮机构。前者只适用于凸轮廓线全部外凸的场合，后者可允许凸轮廓线有内凹部分。其共同缺点是当 180°范围内的凸轮廓线确定后，另外 180°内的廓线必须根据等宽或等径的原则确定，从而使从动件运动规律选择受到限制。

（9）共轭凸轮机构：是形封闭型凸轮机构的另一种型式，其优点是从动件的运动规律不受限制，可在 360°范围内任意选取，缺点是结构比较复杂。

2）选择凸轮机构型式时应考虑的因素

在根据使用场合和工作要求选择凸轮机构的型式时，通常需要考虑以下几方面的因素：运动学方面的因素（运动形式和空间等），动力学方面的因素（运转速度和载荷等），环境方面的因素（环境条件及噪声清洁度等），经济方面的因素（加工成本和维护费用等）。其中最重要的因素有以下两点。

（1）运动学方面的因素。满足机构的运动要求是机构设计的最基本要求。在选择凸轮机构型式时，通常需要考虑的运动学方面的因素主要包括：工作所要求的从动件的输出运动是摆动的还是移动的；从动件和凸轮之间的相对运动是平面的还是空间的；凸轮机构在整个机械系统中所允许占据的空间大小；凸轮轴与摆动输出中心之间距离的大小等。例如：当工作要求从动件的输出运动是移动时，需选用移动从动件凸轮机构；当从动件的移动距离较大而凸轮机构在整个机械中所允许占据的空间又相对较小时，选择圆柱凸轮机构要比选择盘形凸轮机构更适宜；当工作对 360°范围内的运动规律均有要求时，不能选用等宽或等径凸轮机构。

（2）动力学方面的因素。机构动力学方面的品质直接影响到机构的工作质量，因此在选择凸轮机构型式时，除了需要考虑运动学方面的因素外，还需要考虑动力学方面的因素。主要包括：工作所要求的凸轮运转速度的高低；加在凸轮和从动件上的载荷以及被驱动质量的大小等。例如，当工作要求凸轮的转动速度较高时，可选用平底从动件凸轮机构；当工作要求传递的动力较大时,可选用滚子从动件凸轮机构。

在选择凸轮机构型式时,简单性总是首要考虑的因素。因此在满足运动学、动力学、环境、经济性等要求的情况下,选择的凸轮机构型式越简单越好。

2. 从动件运动规律的选择或设计

一旦根据使用场合和工作要求选定了凸轮机构的型式后,接下来的工作就是要按照凸轮机构在机械系统中所执行的任务,选择(或设计)从动件的运动规律。教程中介绍了从动件的几种常用运动规律的特点和适用场合,在设计凸轮机构时,一般情况下可先根据使用场合和工作要求从中加以选取,当常用运动规律不能满足使用要求时,需要设计者自行设计从动件的运动规律。

1) 从动件常用运动规律的特点及适用场合

(1) 等速运动规律。在运动的起始和终止位置,加速度为∞,因此会产生刚性冲击。当加速度为正时,将增大凸轮的压力,使凸轮廓线严重磨损;当加速度为负时,会造成力封闭型凸轮机构的从动件与凸轮廓线瞬时脱离接触,并加大力封闭弹簧的负荷。因此这种运动规律通常不单独使用,多和其他函数组合使用。

(2) 等加速等减速运动规律。又称抛物线运动规律。在运动的起始、中间和终止位置,跃度 j 为无穷大,故会产生柔性冲击,高速下将导致严重的振动、噪声和磨损,故除低速场合外,这种运动规律一般不单独使用,多和其他函数组合使用。

(3) 简谐运动规律。又称余弦加速度运动规律。在从动件运动的起始和终止位置,加速度曲线不连续,会产生柔性冲击。但当从动件作无停歇的升-降-升往复运动时,加速度曲线变为连续曲线,无柔性冲击,故这种运动规律常用于该种场合。亦可与其他函数组合使用。

(4) 摆线运动规律。又称正弦加速度运动规律。其速度曲线和加速度曲线均连续,跃度曲线在整个运动循环中处处为有限值,故既无刚性冲击又无柔性冲击,振动、噪声、磨损皆小。它适用于中、高速轻载场合。

(5) 3-4-5 次多项式运动规律。其运动特性与摆线运动规律类似,但最大速度 v_{max} 和最大加速度 a_{max} 均小于摆线运动规律,是几种常用运动规律中综合特性最好的运动规律,适用于高速中载场合。

2) 运动规律的特性指标

运动规律的特性指标包括冲击特性、最大速度、最大加速度和最大跃度。由于它们从不同角度影响着凸轮机构的工作性能,因此是选择或设计从动件运动规律的重要依据。读者应通过学习,很好地掌握这些特性指标,并学会根据这些特性指标选择或设计从动件运动规律。

3) 选择或设计从动件运动规律时应考虑的因素

在选择或设计从动件运动规律时,通常需要考虑以下因素:满足工作对从动件的运动要求、保证凸轮机构具有良好的动力特性、考虑所设计出的凸轮廓线便于加工等。一般来说,这些因素往往是互相制约的。因此需要根据工作要求和使用场合等情况分清主次,综合考虑。对于初学者来说,要特别注意以下问题:

在工程实际的多数情况下,工作仅要求凸轮的从动件完成一个规定的推程或回程,而对其在推程或回程中的运动规律并无具体的要求。在这种情况下,初看起来位移曲线的形状似乎并不重要,好像无论选择哪种运动规律都能满足规定的推程或回程。但是要特别注意,凸轮和从动件正好是机械动力系统的一个环节,而该系统的性能可能就取决于凸轮和从动件的惯性与冲击特性。因此,从动件的速度曲线、加速度曲线,甚至在某些情况下其跃度曲线的特征也是很重要的。在选择从动件运动规律时,对这一情况必须认真加以考虑,而初学者往往容易忽视这一点。在凸轮高速运转的情况下,首先应考虑的因素是使凸轮机构具有良好的动力特性,因此从动件的运动规律应从摆线运动规律和3-4-5次多项式运动规律中选取,因为它们均既无刚性冲击也无柔性冲击,具有较好的动力特性;在低速轻载的情况下,首先应考虑的因素是凸轮廓线便于加工,其次兼顾其动力特性,因为速度较低,动力特性不是主要的。例如,可以选择圆弧、直线段等易于加工的曲线作为凸轮廓线。

　　在工程实际的许多情况下,一部机器的关键部分可能是远离凸轮从动件的一些构件。正是在这个远离而不是直接位于凸轮从动件的部位上,工作对其运动或动力特性有某些要求。在这种情况下,设计凸轮从动件的运动规律时,必须将机器关键部分的运动学特性追溯到凸轮从动件上,以便在设计凸轮廓线之前就建立一个经过补偿了的从动件运动规律。图 3.1 所示的用于电动打字机中的碰撞式打字机构就是这方面的一个具体实例。该电动打字机的关键部分是打印机构中的打字杆,为了使打字杆能以一定的冲击力撞到压纸卷筒上,要求相对于主动凸轮转动的每个增量打字杆所转过的角度必须是开始时比较小,以后比较大。由于该打字杆是一个远离凸轮从动件的构件,所以在设计凸轮从动件运动规律时,必须将打字杆的运动特性追溯到凸轮从动件(即构件 4)上。

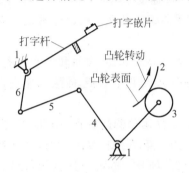

图 3.1　碰撞式打字机构

4) 从动件运动规律设计

　　当常用运动规律难以满足工作要求时,需要考虑根据工作要求设计新的运动规律的问题。设计新的运动规律通常有两条途径:其一是通过将不同规律运动曲线拼接的方法构造所谓改进型运动规律;其二是利用多项式推导出满足工作要求的运动规律。

　　将不同规律的运动曲线拼接起来组成新的运动规律是本章的难点之一。拼接后所形成的新运动规律应满足下列 3 个条件:满足工作对从动件特殊的运动要求;满足运动规律拼接的边界条件,即各段运动规律的位移、速度和加速度值在连接点处应分别相等;使最大速度和最大加速度的值尽可能小。前一个条件是拼接的目的,后两个条件是保证设计的新运动规律具有良好的动力性能。关于运动曲线拼接的具体方法在教程中已有详细论述,读者可参考教程中的例 3.1 认真复习和掌握。

　　另一种越来越多被采用的方法是利用多项式来设计新的运动规律。标准的多项式方程为

$$s = C_0 + C_1\varphi + C_2\varphi^2 + \cdots + C_n\varphi^n$$

其中,s 为行程,φ 为凸轮转角,C_i 为常数,这些常数取决于边界条件。设计时,根据工作对从动件特殊的运动和动力要求适当地选择边界条件和多项式的次数,就能方便地推导出合适的运动规律。教程中通过 3-4-5 次多项式和 4-5-6-7 次多项式运动规律的设计过程,说明了如何根据工作对从动件运动和动力特性的要求选择边界条件和多项式次数的方法。读者

应通过学习了解这种方法,学会构建多项式运动规律。

3. 凸轮基圆半径的确定

当根据使用场合和工作要求选定了凸轮机构的型式,并选择(或设计)了从动件的运动规律后,在设计凸轮廓线前,还需要确定凸轮的基圆半径。

基圆半径的选择是一个既重要又复杂的问题。为了得到轻便紧凑的凸轮机构,希望基圆半径尽可能小;但基圆半径过小,又可能造成运动失真和压力角超过许用值。前者会使从动件不能实现预期的运动规律,后者会恶化机构的传力特性。因此,基圆半径的选取原则是:在保证不产生运动失真和压力角不超过许用值的前提下,寻求较小的基圆半径。

1) 移动滚子从动件盘形凸轮机构

为了减小凸轮的尺寸、重量和高速转动时的不平衡,希望有尽可能小的基圆半径。**移动滚子从动件盘形凸轮机构凸轮的最小基圆半径,主要受 3 个条件的限制,即 ①凸轮的基圆半径应大于凸轮轴的半径;②保证最大压力角 α_{max} 不超过许用压力角 $[\alpha]$;③保证凸轮实际廓线的最小曲率半径 $\rho_{a\ min} = \rho_{min} - r_r \geqslant 3\sim 5\text{mm}$,以避免运动失真和应力集中。** 当用图解法设计凸轮时,可先根据凸轮轴的直径或其他结构条件,凭经验初选基圆半径(通常取 $r_b >$ (1.6~2)凸轮轴半径),待凸轮廓线设计出来后,再校核其是否满足压力角和曲率半径的条件。若不满足,则应增大基圆半径重新设计。当用计算机对凸轮机构进行辅助设计时,可把根据凸轮轴的直径或其他结构条件所选的基圆半径作为初值,而把压力角和曲率半径作为约束条件来处理。

对于移动滚子从动件盘形凸轮机构,在设计凸轮廓线前,还需要确定滚子半径。滚子半径选得过小,不能满足其结构和强度等方面的要求;滚子半径选得过大,又可能造成凸轮廓线外凸部分产生运动失真。通常在设计时,可先根据结构和强度等方面的要求选择滚子半径,若凸轮廓线设计中出现运动失真,则可通过增大基圆半径来解决。

2) 移动平底从动件盘形凸轮机构

对于移动平底从动件盘形凸轮机构而言,因其压力角始终为零(从动件导路与平底垂直),所以凸轮的最小基圆半径主要受到以下两个条件的限制:①凸轮的基圆半径应大于凸轮轴的半径;②凸轮廓线的曲率半径 $\rho_{min} \geqslant [\rho] = 3\sim 5\text{mm}$,以避免运动失真和应力集中。 在用图解法设计凸轮廓线时,可根据教程中所述的避免运动失真和应力集中时基圆半径取值范围的公式

$$r_b \geqslant [\rho] - \left(s + \frac{d^2 s}{d\varphi^2}\right)_{min}$$

来选择基圆半径,然后校核该基圆半径是否大于凸轮轴的半径。当用计算机对凸轮机构进行辅助设计时,可先根据结构等条件初选基圆半径,然后用公式

$$\rho_{min} = r_b + \left(s + \frac{d^2 s}{d\varphi^2}\right)_{min} \geqslant [\rho]$$

来校核曲率半径,若不满足,则增大基圆半径。

4. 凸轮廓线的设计

在选定了凸轮机构型式、从动件运动规律和凸轮基圆半径后,就可以着手进行凸轮廓线的设计了。各类盘形凸轮机构凸轮廓线的设计方法是本章的重点内容,要求读者熟练掌握。

1) 反转法原理

无论是用图解法还是解析法设计凸轮廓线,所依据的基本原理都是反转法原理。该原理可归纳如下:在凸轮机构中,如果对整个机构绕凸轮转动轴心 O 加上一个与凸轮转动角速度 ω 大小相等、方向相反的公共角速度 $(-\omega)$,这时凸轮与从动件之间的相对运动关系并不改变。但此时凸轮将固定不动,而移动从动件将一方面随导路一起以等角速度 $(-\omega)$ 绕 O 点转动,同时又按已知的运动规律在导路中做往复移动;摆动从动件将一方面随其摆动中心一起以等角速度 $(-\omega)$ 绕 O 点转动,同时又按已知的运动规律绕其摆动中心摆动。由于从动件尖端应始终与凸轮廓线相接触,故反转后从动件尖端相对于凸轮的运动轨迹,就是凸轮的轮廓曲线。

凸轮机构的型式多种多样,反转法原理适用于各种凸轮廓线的设计。关于各种盘形凸轮机构凸轮廓线的设计方法和步骤,在教程中已作了详细论述,读者应在熟知反转法原理的基础上,结合教材认真复习,熟练掌握。

2) 设计中易出现的错误

(1) 凸轮转角的分度。当用图解法设计凸轮廓线时,首先应选取适当的比例尺 μ_l 画出基圆,其圆心 O 即为凸轮的转动中心。然后画出从动件的起始位置线及其导路(移动从动件)或转轴(摆动从动件)。凸轮转动中心与从动件导路或转轴之间的相对位置一经确定,则在设计凸轮廓线的过程中应始终保持不变。

凸轮廓线设计的关键一步,是将凸轮的转角分度,并沿 $(-\omega)$ 方向画出从动件在反转过程中所占据的一系列位置线。下面结合图 3.2 来说明不同类型凸轮机构凸轮转角的分度方法。

图 3.2(a)所示为对心移动尖端从动件盘形凸轮机构,其从动件的运动线通过凸轮转动中心 O。所以在反转过程中,从动件的所有位置线也必须通过 O 点。因此,只要由从动件的起始位置与基圆的交点 C_0 点开始沿 $(-\omega)$ 方向将基圆分度,得各分点 C_1,C_2,…然后连 OC_1,OC_2,…得一系列射线,这些射线就代表在反转过程中从动件所依次占据的位置线。这种凸轮的分度比较简单,也不易出错。

图 3.2(b)所示为偏置移动尖端从动件盘形凸轮机构,其从动件的运动线不通过凸轮中心 O,而是存在一个偏距 e。以 O 为圆心、以 e 为半径画出的圆称为偏距圆。在起始位置,从动件的运动线切于偏距圆,切点为 0。在反转过程中,此相对关系应保持不变,即在所有位置从动件的位置线必须均按同样的方向切于偏距圆。因此,可以用等分偏距圆的方法将凸轮分度,即以起始位置从动件运动线与偏距圆的切点 0 为起始点,沿 $(-\omega)$ 方向等分偏距圆,得分点 1,2,…然后从各分点依次引偏距圆的切射线 $1C_1$,$2C_2$,…这些切射线即代表在反转过程中从动件所依次占据的位置线,它们与基圆的交点分别为 C_1,C_2,…这里容易产生的错误是将偏距圆切射线的方向引反了。如图 3.2(c)所示,若把由分点 1 引出的偏距圆的切射线 $1C_1''$(图中虚线所示)作为对应于反转过程中 1 位置时从动件的位置线,则显然是错误的,因为它不符合从动件与凸轮转动中心 O 在起始位置时的相对位置关系。这里,错误的主要原因是将偏距圆的切射线的方向画反了,关键在于对反转法原理未真正掌握。初学者往往容易出现这类错误,应引起重视。

在偏置从动件的情况下,除了可用等分偏距圆的方法将凸轮分度外,也可以用等分基圆的方法将凸轮分度。如图 3.2(b)所示,以起始位置处从动件运动线与基圆的交点 C_0 为起

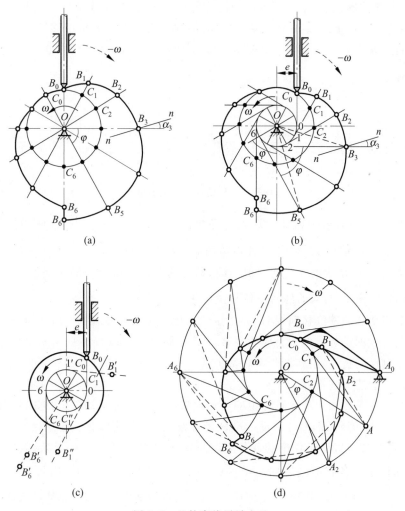

图 3.2   凸轮廓线设计方法

始点,沿($-\omega$)方向等分基圆,得分点 $C_1,C_2,\cdots$然后从各分点依次向偏距圆作切线 $C_1 1$,$C_2 2,\cdots$这些切线即代表从动件在反转过程中所依次占据的位置线。用这种方法将凸轮分度,同样需要注意切于偏距圆的方向,否则,也会出现错误。如图 3.2(c)所示,若把由 C_1 点引的虚切线 $C_1 1'$作为从动件在反转过程中对应于 1 位置时的位置线,显然破坏了凸轮与从动件间的相对位置关系,因此也是错误的。

图 3.2(d)所示为摆动尖端从动件盘形凸轮机构,其从动件转轴为 A_0,在起始位置时,从动件尖端与基圆的接触点为 C_0。无论从动件的具体形状如何,都应把从动件转轴与尖端两点间所连的直线 AB 作为从动件的有效长度,即 $l_{AB}=\overline{AB}\cdot\mu_l$。以凸轮转动中心为圆心、以 OA_0 为半径所画出的圆称为转轴圆。将凸轮分度时,首先应按($-\omega$)方向等分转轴圆,得分点 $A_1,A_2,\cdots$然后分别以各分点为圆心、以 $\overline{AB}$ 长为半径画圆弧与基圆相交于 $C_1,C_2,\cdots$连 $A_1 C_1,A_2 C_2,\cdots$这些连线就代表反转过程中从动件依次所占据的位置线,它们是量取各分点处从动件摆角 ψ_i 时的基准线。

(2)从动件位移量的量取。当用图解法设计凸轮廓线时,从动件的运动规律通常应以

s-φ或ψ-φ曲线的形式给出,并以此作为设计的依据。这时,首先应能正确地从所给出的位移曲线上求出对应于凸轮某一转角 φ_i 的从动件的线位移量 s_i 或角位移量 ψ_i。这里,特别要注意位移曲线纵坐标(s 或 ψ)的比例尺问题。下面以图 3.3 为例来说明这一问题。

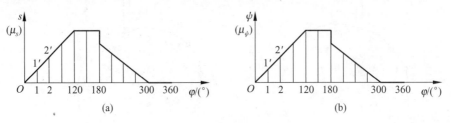

图 3.3 从动件位移量的量取

对于图 3.3(a)所示的移动从动件运动规律,其从动件线位移量 s 所用的比例尺为 μ_s (mm/mm),在这种情况下,对应于凸轮转角 φ_i,从动件的位移量应为 $s_i = \overline{ii'} \cdot \mu_s$;而对于图 3.3(b)所示的摆动从动件运动规律,其从动件的角位移量所用的比例尺为 μ_ψ((°)/mm),则对应于凸轮转角 φ_i 的从动件的角位移量应为 $\psi_i = \overline{ii'} \cdot \mu_\psi$。

在绘制移动从动件位移曲线时,应尽量使所选的比例尺 μ_s 等于绘制凸轮基圆时所选用的比例尺 μ_l。这时凸轮廓线设计图上从动件的位移量就可以直接从 s-φ 曲线上量取,而不需要进行比例尺的折算,给作图带来很大方便。而对于摆动从动件凸轮机构,从动件的角位移量则应该按上述方法折算。

下面结合图 3.2 和图 3.3 具体说明在凸轮廓线设计图上从动件位移量的量取方法。

对于图 3.2(a)所示的对心移动尖端从动件盘形凸轮机构,由于各分点处从动件的位置线均通过 O 点,故可以从已作出的各条射线与基圆的交点 C_1,C_2,…开始,直接沿各条射线分别向基圆外量取各相应位置的从动件位移量 s_i。当取 $\mu_s = \mu_l$ 时,则可直接量取 $\overline{C_1 B_1} = \overline{11'}$,$\overline{C_2 B_2} = \overline{22'}$,…即可得到一系列点 B_1,B_2,…这些点即代表反转过程中从动件尖端所依次占据的位置。用曲线板将 B_0,B_1,B_2,…各点连成光滑曲线,即得所要求的凸轮廓线。

对于图 3.2(b)所示的偏置移动尖端从动件盘形凸轮机构,各分点处从动件的位移量 s 也应该在从动件的位置线上量取,即在已作出的偏距圆的各条切射线上,从基圆开始向外量取各相应位置的位移量 s_i。当取 $\mu_s = \mu_l$ 时,则直接量取 $\overline{C_1 B_1} = \overline{11'}$,$\overline{C_2 B_2} = \overline{22'}$,…得 B_1,B_2 各点,这些点即代表反转过程中从动件尖端依次所占据的位置。对于图 3.3(a)所示的运动规律,在 $\varphi = 180°$ 处的位移量有突变,因此在偏距圆的切射线 $6C_6$ 上,应分别量得两个 B_6 点,才能与前后凸轮廓线相衔接,如图 3.2(b)所示。这里容易发生的错误是,初学者往往在从凸轮中心 O 引出的射线上来量取位移量,如图 3.2(c)中所示的第 6 分点处($\varphi = 180°$),在虚射线 OC_6 上求得两个 B_6' 点。由于 OC_6 不是从动件在反转过程中所占据的位置线,这样求得的 B_6' 点自然是错误的。

对于图 3.2(d)所示的摆动尖端从动件盘形凸轮机构,在根据图 3.3(b)所示的 ψ-φ 曲线按 $\psi_i = \overline{ii'} \cdot \mu_\psi$ 求出各分点处的从动件摆角 ψ_i 后,即可从已求出的连线 $A_1 C_1$,$A_2 C_2$,…向基圆外分别量取相应的角度 ψ_1,ψ_2,…得 B_1,B_2,…点。将这些点连成光滑曲线,即为所求的凸轮廓线。可以看出,在 $\varphi = 180°$ 处有一摆角突变点。

（3）理论廓线与实际廓线。用以上方法求出的尖端从动件的凸轮廓线称为理论廓线。当采用滚子或平底从动件时,还必须求出凸轮相应的实际廓线。

下面以偏置移动滚子从动件盘形凸轮机构为例,来说明凸轮实际廓线与理论廓线的区别和联系。

① 由理论廓线求取实际廓线的正确方法是包络线法。即以理论廓线上各点为圆心、以滚子半径 r_r 为半径作一系列滚子圆,然后作这族滚子圆的内包络线,即得到实际廓线,如图 3.4(a)所示。若要求根据已知的实际廓线求出其相应的理论廓线(在测绘一个现有的凸轮机构时,往往会遇到这种情况),也必须用反向包络线法。如图 3.4(b)所示,已知粗实线为凸轮的实际廓线,以该廓线上各点为圆心、以滚子半径 r_r 为半径作一系列滚子圆,然后作这族滚子圆的外包络线,才能得到如细实线所示的理论廓线。

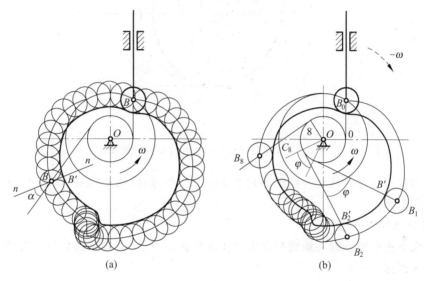

图 3.4　实际廓线与理论廓线的区别与联系

② 理论廓线与实际廓线为一对法向等距曲线,二者之间的法向距离等于滚子半径 r_r。由于从动件的位置线一般不是轮廓曲线的法线,它夹于两条廓线之间的线段长度在不断变化,与滚子半径没有直接关系,所以沿着从动件的位置线方向截取一个滚子半径 r_r 求实际廓线的方法是错误的。同样,由凸轮转动中心作一系列射线,沿着这些射线方向截取一个滚子半径来求实际廓线的方法,也是错误的。

③ 凸轮的廓线必须与从动件的形式相对应。理论廓线与尖端从动件相对应;实际廓线与滚子从动件相对应;滚子半径不同,所对应的实际廓线也不同;根据同样的理论廓线求出的滚子从动件凸轮的实际廓线与平底从动件凸轮的实际廓线也不相同。总之,凸轮廓线与从动件的形式必须一一对应,不得互相替换,否则,从动件的实际运动规律将发生变化而不能满足预定的设计要求。

④ 以理论廓线的最小向径为半径所作的圆称为凸轮的基圆,即基圆是在理论廓线上定义的。实际廓线的最小向径等于 r_b-r_r,注意不要把实际廓线的最小向径与凸轮的基圆半径混同起来。

平底从动件盘形凸轮的实际廓线,也只能根据理论廓线用包络线法求出,其方法如教程中的图 3.5 所示。需要注意的是,在用图解法设计时,应始终使从动件导路与平底的交点 B 位于理论廓线上。当从动件导路与平底不垂直时,应按图 3.5 的方法作图,求出各分点处的平底位置后再作一系列平底(它们构成一直线族)的包络线,才能得到凸轮的实际廓线。

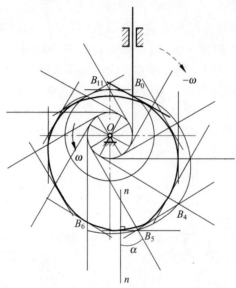

图 3.5   平底从动件凸轮机构实际廓线的求法

初学者应通过各种从动件盘形凸轮廓线的设计练习,熟练掌握理论廓线与实际廓线之间的区别和联系。

3)反转法的灵活运用

凸轮廓线设计的反转法原理是本章的重点内容之一,读者应通过以下几方面的练习灵活运用这一原理:

(1)已知从动件的运动规律,能熟练地运用反转法原理绘制出凸轮廓线。

(2)已知凸轮廓线,能熟练地运用反转法原理反求出从动件运动规律的位移曲线。

(3)已知凸轮廓线,能熟练地运用反转法原理求出当凸轮从图示位置转过某一给定角度时,从动件走过的位移量。

(4)已知凸轮廓线,能熟练地运用反转法原理求出当凸轮从图示位置转过某一给定角度时,凸轮机构压力角的变化。

(5)已知凸轮廓线,能熟练地运用反转法原理求出当凸轮与从动件从某一点接触到另一点接触时,凸轮转过的角度。

5. 凸轮机构的分析

凸轮机构设计出来后,可能会由于某些原因使这个设计不合格,例如:可能由于压力角超过了许用值而使机构受力状况不好;可能由于凸轮廓线局部的曲率状况而造成从动件运动失真;可能由于从动件所受弯曲应力过大而造成运转不灵活甚至卡死;可能由于设计出来的机构尺寸过大(如平底长度太大)而与工作空间要求不符;可能由于为了维持从动件与凸轮接触所需的回程弹簧太大而不适用等。因此,在完成凸轮机构的设计后,必须对设计出来的凸轮机构进行分析,以验证设计是否成功。若不合格,则应分析原因并提出改进措施,以便设计出既能满足运动要求、又具有良好受力特性且结构紧凑的凸轮机构。

通常可以通过改变凸轮机构的某些参数来解决或缓解上述问题,这些参数可为:凸轮的基圆半径、移动从动件的偏距或摆动从动件转轴中心与凸轮转动中心的相对位置、滚子半径和从动摆杆的长度等。通过改变这些参数中的某一个,就能设计出一个新的凸轮机构,而不必选取另一种型式的凸轮机构。只有当这些措施解决不了上述问题时,才需要重新选择凸轮机构的型式另行设计。

下面重点讨论移动滚子从动件盘形凸轮机构和移动平底从动件盘形凸轮机构设计中可能出现的问题及改进措施。

1) 压力角问题

所谓凸轮机构的压力角,是指在不计摩擦的情况下,凸轮对从动件的作用力方向与从动件的运动方向之间所夹的锐角。它是衡量凸轮机构受力性能好坏的一个重要指标。由于凸轮机构是高副机构,因此在不计摩擦的情况下,凸轮与从动件之间的作用力总是沿着高副元素接触点的公法线方向,这一点要特别注意。图 3.2(a)、(b) 和图 3.4(a) 及图 3.5 中分别说明了压力角的标注方法,读者应结合这几幅图熟练掌握压力角的概念。

需要注意的是,对于移动尖端从动件和滚子从动件盘形凸轮机构,其压力角 α 是随着凸轮转角 φ 的变化而不断变化的,即压力角是机构位置的函数;而对于移动平底从动件盘形凸轮机构,由于高副接触点的法线总与平底垂直,因此其压力角是一个定值,当平底与导路垂直时,凸轮机构各处的压力角均为零度。

关于移动滚子从动件盘形凸轮机构的压力角与凸轮机构基本参数之间的关系,在教程中曾作过推导,其表达式为

$$\tan\alpha = \frac{|\,\mathrm{d}s/\mathrm{d}\varphi \mp e\,|}{s + \sqrt{r_\mathrm{b}^2 - e^2}} \tag{3.1}$$

该式表明,压力角 α 受以下几个参数的影响:凸轮的基圆半径 r_b;从动件导路的偏置方向及偏距 e 的大小;从动件的运动规律 s-φ 及其斜率。

由式(3.1)可知,在设计移动滚子从动件盘形凸轮机构时,若发现其压力角超过了许用值,可以采取以下措施:

(1) 增大凸轮的基圆半径 r_b。由式(3.1)可知,在其他条件不变的情况下,若增大基圆半径,则可使压力角的值减小。因此,在对设计完成的凸轮机构进行分析时,**若发现压力角过大而超过了许用值,可用适当增大基圆半径的办法来解决**。需要指出的是,虽然增大基圆半径可以减小压力角,使机构传力性能改善,但却会造成机构尺寸较大;减小基圆半径虽然会造成压力角增大,降低传力性能,但却可获得较小的机构尺寸。这是一对互相矛盾的因素,在设计凸轮机构时应妥善处理。通常的做法是,在保证机构的最大压力角 $\alpha_{\max} \leqslant [\alpha]$ 的条件下,选取尽可能小的基圆半径(当然还应考虑运动失真等因素),以便使机构尺寸较为紧凑。

(2) 选择合适的从动件偏置方向。由式(3.1)可知,在其他条件不变的情况下,通过正确地选择从动件的偏置方向,可以使上式分子中 e 的前面出现(一)号,从而可有效地降低推程压力角的值。亦即当凸轮逆时针转动时,从动件导路应偏于凸轮轴心右侧;当凸轮顺时针转动时,从动件导路应偏于凸轮轴心左侧。这是从动件偏置方向的正确选取原则。需要指出的是,若推程压力角减小,则回程压力角将增大,即通过上述方法来减小推程压力角是以

增大回程压力角为代价的。但是,由于回程时通常受力较小且无自锁问题,所以,在设计凸轮机构时,若发现采用对心移动从动件凸轮机构推程压力角过大,而设计空间又不允许通过增大基圆半径的办法来减小压力角时,可以通过选取从动件适当的偏置方向,以获得较小的推程压力角。**即在移动滚子从动件盘形凸轮机构的设计中,选择偏置从动件的主要目的,是为了减小推程压力角。**

2)运动失真问题

凸轮廓线的形状决定着从动件的运动规律。当采用滚子从动件或平底从动件时,凸轮的实际廓线是用包络法求出的。有时,由于基圆半径、滚子半径或从动件的运动规律选择不当,可能使设计出来的凸轮机构不能使从动件准确地实现预期的运动规律,这种现象称为运动失真。在设计凸轮机构时,为了保证从动件能准确地实现预期的运动规律,必须避免出现运动失真现象。

当出现运动失真现象时,可采取以下措施:

(1)修改从动件的运动规律。从动件的运动规律(s-φ 或 ψ-φ 曲线)不能像图3.3那样有凸起的突变点。由于图3.3所示从动件的运动规律在 $\varphi=180°$ 处的位移量有突变,所以在采用滚子从动件的实际廓线中,在 $\varphi=180°$ 附近会出现明显的运动失真,如图3.4所示。若采用平底从动件,则出现运动失真现象更为严重。在这种情况下,为避免运动失真,必须修改从动件的运动规律。

(2)当采用滚子从动件时,滚子半径必须小于凸轮理论廓线外凸部分的最小曲率半径 $\rho_{\min}$,通常取 $r_r \leqslant 0.8\rho_{\min}$。**若由于结构、强度等因素限制,$r_r$ 不能取得太小,而从动件的运动规律又不允许修改时,则可通过加大凸轮的基圆半径 r_b,从而使凸轮廓线上各点的曲率半径均随之增大的办法来避免运动失真。**

(3)当采用平底从动件时,除了应保证凸轮的理论廓线必须全部外凸外,运动规律位移曲线的斜率也不能太大,以免由于凸轮廓线的向径变化过快而导致运动失真。**若由于工作要求,运动规律不允许修改时,同样可以通过加大凸轮基圆半径的方法来避免运动失真。**

3)弯曲应力问题

在移动平底从动件盘形凸轮机构中,凸轮廓线与平底接触点的位置是随着凸轮转角的变化而不断变化的。当接触点距离从动件导路的距离太远时,会造成从动件过大的弯曲应力,导致机构运转不灵活甚至卡死。为防止出现这种情况,通常设计时可先按对心从动件设计凸轮廓线,设计完成后,若发现上述情况,则可改变导路的偏置方向。改变的原则是:使从动件在推程阶段所受的弯曲应力减小。也就是说,**对于移动平底从动件盘形凸轮机构来说,偏距 e 并不影响凸轮廓线的形状,选择适当的偏距,主要是为了减轻从动件在推程中过大的弯曲应力。**

3.3   典型例题分析

例3.1   在图3.6(a)所示的对心移动滚子从动件盘形凸轮机构中,凸轮的实际廓线为一圆,其圆心在 A 点,半径 $R=40\text{mm}$,凸轮转动方向如图所示,$l_{OA}=25\text{mm}$,滚子半径 $r_r=10\text{mm}$。试问:

(1)凸轮的理论廓线为何种曲线?

（2）凸轮的基圆半径 $r_b =$ ？

（3）从动件的升距 $h =$ ？

（4）推程中的最大压力角 $\alpha_{max} =$ ？

（5）若凸轮实际廓线不变，而将滚子半径改为 15mm，从动件的运动规律有无变化？

解　选取适当比例尺 μ_l 作机构图如图 3.6(b) 所示。

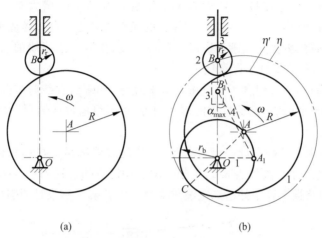

(a)　　　　　　(b)

图 3.6　例 3.1 图

（1）凸轮的理论廓线

对于滚子从动件凸轮机构来说，凸轮的理论廓线与实际廓线是两条法向等距的曲线，该法向距离等于滚子半径 r_r。今已知其实际廓线为半径 $R = 40$mm 的圆，故其理论廓线 η 为半径为 $R + r_r = 40 + 10 = 50$(mm) 的圆。

（2）凸轮的基圆半径 r_b

凸轮理论廓线的最小向径称为凸轮的基圆半径 r_b。因此，连接偏心圆的圆心 A 和凸轮转动中心 O，并延长使其与偏心圆 η 相交于 C 点，则 $\overline{OC}$ 即为理论廓线 η 的最小向径，它即为凸轮的基圆半径 r_b。由图 3.6(b) 可知

$$r_b = l_{AC} - l_{AO} = (R + r) - l_{AO} = (40 + 10) - 25 = 25 \text{(mm)}$$

（3）从动件的升距 h

从动件上升的最大距离 h 称为从动件的升距，它等于理论廓线 η 的最大与最小向径之差。因此，

$$h = (l_{OA} + R + r_r) - r_b = 25 + 40 + 10 - 25 = 50 \text{(mm)}$$

（4）推程的最大压力角 α_{max}

凸轮机构在运动过程中，其压力角 α 是不断变化的。为了观察机构压力角的变化情况，以找出推程的最大压力角 α_{max}，可对凸轮机构进行高副低代，换成低副机构加以观察。滚子中心 B 可视为从动件的尖端，它与理论廓线 η 形成高副接触。由于从动件 3 在尖端处的曲率半径为 0，凸轮 1 在接触点 B 处的曲率中心在 A 点，因此可在 B 点和 A 点用两个转动副铰接一个虚拟构件 4 来代替该高副，从而得到一个曲柄滑块机构 OAB，它即是该凸轮机构的替代机构。

对于曲柄滑块机构 OAB 来说，当曲柄转到与滑块运动方向线垂直的位置 OA_1 时，从动

滑块 3 将出现最大压力角 $\alpha_{\max}$。从图 3.6 中可以看出

$$\sin\alpha_{\max} = \frac{l_{A_1O}}{l_{A_1B_1}} = \frac{25}{50} = \frac{1}{2}$$

因此，$\alpha_{\max}=30°$。

(5) 滚子半径改为 15mm 后从动件的运动规律

当凸轮的实际廓线 η' 保持不变，而将滚子半径 r_r 由 10mm 增大至 15mm 后，连杆长度 l_{AB} 将随之由 50mm 增至 55mm，因此从动件 3 的运动将随之变化。若希望从动件 3 的运动规律保持不变，正确的做法是让理论廓线 η 保持不变，作该理论廓线的法向等距曲线，并使之距离等于 15mm，得到新的实际廓线。

该例题虽然简单，但其包含了本章中的诸多概念，如理论廓线与实际廓线的关系，凸轮的基圆半径，从动件的升距，凸轮机构的压力角等，读者可通过该例题，加深对上述诸多基本概念的理解。

例 3.2　某技术人员欲设计一台打包机，其推送包装物品的机构如图 3.7 所示。已知机构的位置和某些尺寸参数如表 3.1，工作要求从动滑块的行程 $H=400$mm，其运动规律如表 3.2。根据结构及强度等条件已选定滚子半径 $r_r=25$mm，试设计所需的凸轮工作轮廓。

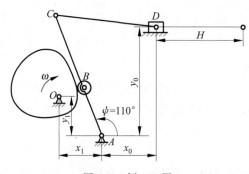

图 3.7　例 3.2 图

表 3.1　已知条件　　　　　　　　　　　　　　　　　　　mm

x_1	y_1	x_0	y_0	l_{AB}	l_{AC}	l_{CD}
230	250	320	650	313	672	450

表 3.2　滑块的运动规律

凸轮转角/(°)	滑块运动方向及运动规律
0～120	由左向右，以绝对值相等的等加速、等减速规律移动 H
120～150	在右端停止不动
150～210	由右向左，以绝对值相等的等加速、等减速规律移动 H
210～360	在左端停止不动

解　这是摆动滚子从动件盘形凸轮机构的设计题。与一般设计题不同的是：凸轮所直接推动的从动件是摆杆 AC，而已知的是远离凸轮的滑块的运动规律。因此，在设计凸轮机构前，需要首先将已知的滑块的运动规律追溯到摆杆 AC 上，即首先通过滑块的运动规律，

求出摆杆 AC 的运动规律,然后才能设计凸轮轮廓曲线。

该题设计步骤如下:

(1) 确定滑块对应于凸轮转角的位移

由于滑块按等加速等减速规律移动,故其位移方程为抛物线方程。在等加速段,$s = \dfrac{1}{2}at^2$,若将加速度过程的时间分为若干等份,则由方程可知,各等份时间之后的位移比例关系为 $s_1 : s_2 : s_3 \cdots = 1 : 4 : 9 \cdots$ 根据这一比例关系,可用图 3.8 右侧所示的作图法求出滑块上 D 点在等加速等减速过程中的各个位置 $D_0, D_1, D_2, D_3, \cdots, D_8$。图中,$\overline{01} : \overline{02} : \overline{03} : \overline{04} = 1 : 4 : 9 : 16, \overline{87} : \overline{86} : \overline{85} : \overline{84} = 1 : 4 : 9 : 16$。

(2) 确定摆杆 AC 对应于凸轮转角的运动规律

根据已知条件,作出摆杆滑块机构的运动简图。以各个 D 点为圆心,以 l_{CD} 为半径作圆 (实际作图时,注意作图比例尺 μ_l),与点 C 的圆弧轨迹相交于 $C_0, C_1, C_2, \cdots, C_8$ 等点,从而可得到滚子中心 B 的各个位置 $B_0, B_1, B_2, \cdots, B_8$,如图 3.8 所示。

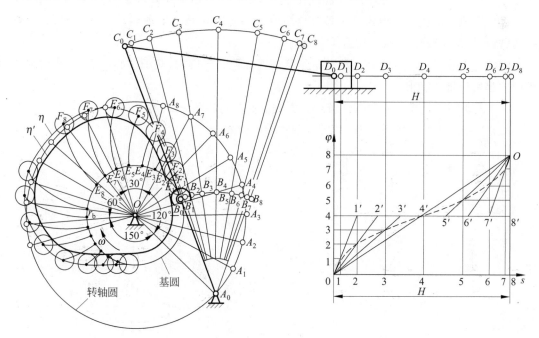

图 3.8　例 3.2 设计图

(3) 将凸轮转角分度

以 O 为圆心,以 $\overline{OB_0}$ 长为半径作凸轮的基圆。然后以 O 为圆心,以 $\overline{OA_0}$ 长为半径作转轴圆。由于凸转顺时针方向转动,故应按逆时针方向反转求取从动摆杆转轴 A 的各个分点。凸轮转 $120°$ 时,滑块作等加速等减速运动,其中对应有凸轮的 8 个等分转角,故在凸轮转角 $120°$ 范围内,在转轴圆上求取 $A_1, A_2, \cdots, A_8$ 等 8 个等分点,如图所示。它们代表反转过程中从动摆杆的转轴 A 所依次占据的位置。

（4）绘制凸轮理论廓线 η 和实际廓线 η'

以 $A_1,A_2,\cdots,A_8$ 各点为圆心，以 $\overline{A_0B_0}$ 为半径作圆弧，与基圆分别相交于 $E_1,E_2,\cdots,E_8$ 等点。量取 $\overset{\frown}{E_1F_1}=\overset{\frown}{B_0B_1},\overset{\frown}{E_2F_2}=\overset{\frown}{B_0B_2},\overset{\frown}{E_3F_3}=\overset{\frown}{B_0B_3},\cdots,\overset{\frown}{E_8F_8}=\overset{\frown}{B_0B_8}$，得 $F_1,F_2,\cdots,F_8$ 等点，以光滑曲线连接各个 F 点，即得凸轮理论廓线 η。再作一系列滚子圆的包络线，即得凸轮的实际廓线 η'。

在凸轮转角为 $120°\sim150°$ 的 $30°$ 区间内，滑块在右端静止不动，此时对应的凸轮廓线为以凸轮转轴 O 为圆心的圆弧，如图所示。

在凸轮转角为 $150°\sim210°$ 的 $60°$ 区间内，滑块又以等加速等减速规律由右向左返回到初始点 D_0，由于此时的总行程仍为 H，因此在将该区间的凸轮转角 8 等分的情况下，各个位移与正行程时相同，所以可直接利用正行程时所求出的位移量，而不必另行作图求滑块的位置。

回程阶段等加速等减速段及静止段凸轮廓线的求法如图所示，不再赘述。

（5）校核压力角是否超过许用值和凸轮廓线是否出现运动失真现象，并采取相应措施。

设计完成后应检查压力角是否超过许用值和凸轮廓线是否出现运动失真现象，若出现这两种情况，则应改变 O 点的位置重新设计。

例 3.3 图 3.9(a)所示为一移动滚子从动件盘形凸轮机构，滚子中心位于 B_0 点时为该机构的起始位置。试求：

（1）滚子与凸轮廓线在 B_1' 点接触时，所对应的凸轮转角 φ_1。

（2）当滚子中心位于 B_2 点时，凸轮机构的压力角 α_2。

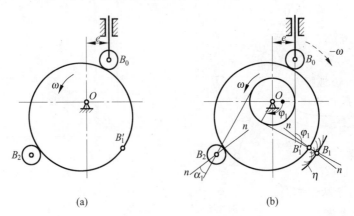

(a)   (b)

图 3.9   例 3.3 图

解   （1）这是灵活运用反转法原理的第 5 种情况，即已知凸轮廓线，求当从动件与凸轮廓线从一点接触到另一点接触时，凸轮转过的角度。求解步骤如下：

① 正确作出偏距圆，如图 3.9(b)所示。

② 用反向包络线法求出在 B_1' 点附近凸轮的部分理论廓线 η。方法如下：以凸轮实际廓线上 B_1' 点附近的各点为圆心，以滚子半径为半径作一系列滚子圆，然后作这些滚子圆的外包络线，即得理论廓线 η，如图 3.9(b)所示。

③ 过 B_1' 点正确作出凸轮廓线的法线 nn，该法线交 η 于 B_1 点，B_1，B_1' 两点间的距离等于滚子半径 r_r。B_1 点即为滚子与凸轮在 B_1' 点接触时滚子中心的位置。

④ 过 B_1 点作偏距圆的切线，该切线即为滚子与凸轮在 B_1' 点接触时，从动件的位置线。该位置线与从动件起始位置线间的夹角，即为所求的凸轮转角 φ_1，如图 3.9(b) 所示。φ_1 角也可在偏距圆上度量。

（2）这是灵活运用反转法原理的第 4 种情况，即已知凸轮廓线，求凸轮从图示位置转过某一角度到达另一位置时，凸轮机构的压力角。具体解题步骤如下：

① 过 B_2 点正确作出偏距圆的切线，该切线代表在反转过程中，当滚子中心位于 B_2 点时从动件的位置线。

② 过 B_2 点正确作出凸轮廓线的法线 nn，该法线必通过滚子中心 B_2，同时通过滚子与凸轮廓线的切点，它代表从动件的受力方向线。

③ 该法线与从动件位置线间所夹的锐角即为机构在该处的压力角 α_2，如图 3.9(b) 所示。

3.4　复习思考题

1. 凸轮机构的类型有哪些？在选择凸轮机构类型时应考虑哪些因素？

2. 从动件的常用运动规律有哪几种？它们各有什么特点？各适用于什么场合？

3. 当要求凸轮机构从动件的运动没有冲击时，应选用何种运动规律？

4. 从动件运动规律选取的原则是什么？

5. 不同规律运动曲线拼接时应满足什么条件？

6. 在用反转法设计盘形凸轮的廓线时，应注意哪些问题？移动从动件盘形凸轮机构和摆动从动件盘形凸轮机构的设计方法各有什么特点？

7. 何谓凸轮机构的偏距圆？

8. 何谓凸轮的理论廓线？何谓凸轮的实际廓线？两者有何区别与联系？

9. 理论廓线相同而实际廓线不同的两个对心移动滚子从动件盘形凸轮机构，其从动件的运动规律是否相同？

10. 在移动滚子从动件盘形凸轮机构中，若凸轮实际廓线保持不变，而增大或减小滚子半径，从动件运动规律是否发生变化？

11. 何谓凸轮机构的压力角？当凸轮廓线设计完成后，如何检查凸轮转角为 φ 时机构的压力角 α？若发现压力角超过许用值，可采取什么措施减小推程压力角？

12. 何谓运动失真？应如何避免出现运动失真现象？

13. 在移动滚子从动件盘形凸轮机构的设计中，采用偏置从动件的主要目的是什么？偏置方向如何选取？

14. 在移动平底从动件盘形凸轮机构的设计中，采用偏置从动件的主要目的是什么？偏置方向如何选取？

15. 图 3.10 所示是按图 3.3(a) 所示的从动件运动规律绘制的 4 个凸轮的廓线，其长度

比例尺 $\mu_l = \mu_s$。试分别指出它们各错在什么地方?

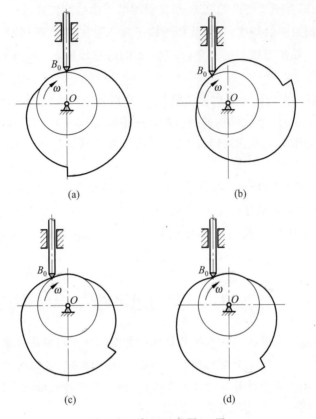

图 3.10　复习思考题 15 图

3.5　自 测 题

3-1　某工厂引进一条生产线,运行过程中发现其中一凸轮机构传力特性欠佳,技术人员对该凸轮机构进行了测绘,画出了其机构运动简图(见图 3.11)。试根据该运动简图提供的信息,重新设计一凸轮机构替换原设备中的凸轮机构,以保证在准确实现系统原运动规律的前提下,获得较好的传力特性。

3-2　已知一偏置移动滚子从动件盘形凸轮机构的初始位置如图 3.12 所示。试求:

(1) 当凸轮从图示位置转过 150° 时,滚子与凸轮廓线的接触点 D_1 及从动件相应的位移 s_1。

(2) 当滚子中心位于 B_2 点时,凸轮机构的压力角 α_2。

3-3　一摆动滚子从动件盘形凸轮机构凸轮的部分廓线如图 3.13 所示。试求:

(1) 滚子与凸轮廓线由在 D_1 点接触到 D_2 点接触的过程中,相应的凸轮转角 φ_{12} 和从动摆杆的摆角 ψ_{12}。

(2) 滚子与凸轮廓线在 D_2 点接触时,凸轮机构的压力角 α_2。

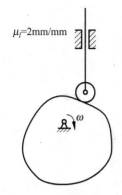

图 3.11　自测题 3-1 图

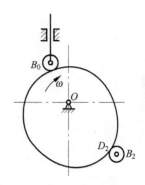

图 3.12　自测题 3-2 图

3-4　设计一移动平底从动件盘形凸轮机构。凸轮顺时针方向转动,从动件运动规律如下:当凸轮转过 $60°$ 时,从动件上升 $20mm$;当凸轮接着转过 $80°$ 时,从动件停歇不动;当凸轮再转过 $60°$ 时,从动件返回原处;当凸轮转过 1 周中剩余 $160°$ 时,从动件又停歇不动。由于运转速度不高,推程和回程均采用简谐运动规律。若要求凸轮实际廓线的最小曲率半径 ρ_{min} 不小于 $8mm$,试确定凸轮的最小基圆半径和从动件平底的宽度 B(每侧加上 $5mm$

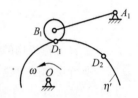

图 3.13　自测题 3-3 图

裕量)。若希望减小从动件在推程中的弯曲应力,问应使从动件轴线向哪个方向偏置?若取偏距 $e=10mm$,试设计凸轮廓线。

3-5　某机械装置中有一个执行构件,工作要求其作具有停歇的往复移动:当主轴转过 $120°$ 时,该执行构件上升 $90mm$;当主轴接着转过 $60°$ 时,该执行构件静止不动;当主轴再转过 $120°$ 时,该执行构件返回原处;当主轴转过 1 周中其余 $60°$ 时,该执行构件又处于停歇状态。设计者最初拟采用一个移动从动件盘形凸轮机构来实现这一运动:将凸轮安装在主轴上,直接推动该执行构件,推程和回程均采用摆线运动规律。但由于主轴距该执行构件运动轴线的距离较远,采用这一方案将会导致机构尺寸过大,故决定改用图 3.14 所示的方案。试根据图中所给的原始数据(单位:mm)设计该机构。

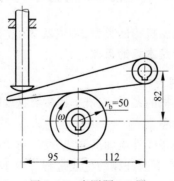

图 3.14　自测题 3-5 图

4 齿轮机构

4.1 基本要求

(1) 了解齿轮机构的类型及功用。

(2) 理解齿廓啮合基本定律。

(3) 了解渐开线的形成过程,掌握渐开线的性质、渐开线方程及渐开线齿廓的啮合特性。

(4) 深入理解和掌握渐开线直齿圆柱齿轮啮合传动需要满足的条件。

(5) 了解范成法切齿的基本原理和根切现象产生的原因,掌握不发生根切的条件。

(6) 了解渐开线直齿圆柱齿轮机构的传动类型及特点。学会根据工作要求和已知条件,正确选择传动类型,进行直齿圆柱齿轮机构的传动设计。

(7) 了解平行轴和交错轴斜齿圆柱齿轮机构传动的特点,并能借助图表或手册对平行轴斜齿圆柱齿轮机构进行传动设计。

(8) 了解阿基米德蜗杆蜗轮机构传动的特点,并能借助图表或手册进行传动设计。

(9) 了解直齿圆锥齿轮机构的传动特点,并能借助图表或手册进行传动设计。

(10) 了解非圆齿轮机构的传动特点和适用场合。

4.2 重点、难点提示与辅导

学习本章的目的是了解齿轮机构的类型、特点及功用,掌握其设计方法。其中,**渐开线直齿圆柱齿轮机构的传动设计是本章的重点**。

1. 渐开线的性质和渐开线方程

二者是研究渐开线齿轮机构的基础,只有牢固掌握这些内容,才能正确理解一对渐开线齿廓的啮合特性和轮齿啮合过程。

为了更好地理解和掌握渐开线性质和渐开线方程,初学者不妨找一个圆柱体实物,按照教程中所述方法,自己来演示一下渐开线的生成过程。由于渐开线的性质是由渐开线的形成过程直接得到的,故在亲自实践的过程中,读者会加深对渐开线性质的理解,也很容易写出渐开线方程,切忌死记硬背。

为了对一对渐开线齿廓的啮合特性有更深入的理解,读者可将图4.1(a),(b)和(c)3张图用透明纸(或投影片)描绘(或复印)下来,把(b)和(c)两张图分别用图钉钉在图(a)的O_1和O_2处。用双手转动图(b)和图(c),不仅可以看到一对渐开线齿廓啮合传动时啮合点沿啮合线的移动情况,还可以深入理解一对渐开线齿廓啮合的其他特性。

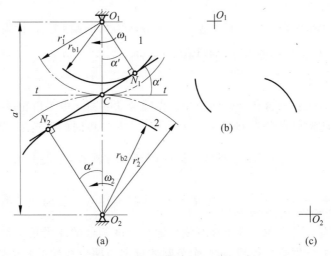

图4.1 渐开线齿廓的啮合特性演示

为了深入理解一对渐开线齿轮啮合传动的过程,也可以用上述方法将图4.2(a),(b)和(c)3张图描绘(或复印)下来,不仅可以从演示过程中理解实际啮合线的含义,还有助于理解无侧隙啮合、单双齿啮合区和重合度等概念。

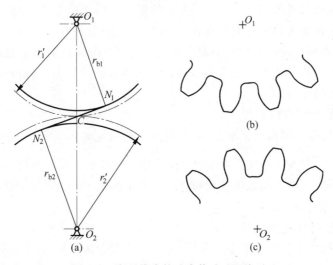

图4.2 渐开线齿轮啮合传动过程演示

2. 易混淆的概念

本章的特点是名词、概念多,符号、公式多,理论系统性强,几何关系复杂。学习时要注意清晰掌握主要脉络,对基本概念和几何关系应有透彻理解。以下是一些易混淆的概念。

（1）法向齿距与基圆齿距

虽然法向齿距与基圆齿距的长度相等（$p_n = p_b$），都是相邻两个轮齿同侧齿廓之间度量的长度，但是法向齿距 p_n 是在渐开线齿廓上任意一点的法线上度量的相邻两齿同侧齿廓之间的直线长度，而基圆齿距 p_b 是在基圆上度量的相邻两齿同侧齿廓之间的弧长。

（2）分度圆与节圆

分度圆是指单个齿轮上具有标准模数和标准压力角的圆。在设计齿轮时，只要确定了齿数和模数，这个齿轮的分度圆半径就确定下来，即 $r = \dfrac{mz}{2}$。在加工、安装、传动时分度圆都不会改变。

节圆是一对齿轮在啮合传动时两个相切作纯滚动的圆。单个齿轮没有节圆。由于一对渐开线齿轮啮合传动时在节点 C 处具有大小相等、方向相同的线速度，故两轮节圆半径分别为 $r_1' = \overline{O_1 C}$，$r_2' = \overline{O_2 C}$，如图 4.2 所示。根据渐开线方程式，它们的大小分别为 $r_1' = \dfrac{r_{b1}}{\cos\alpha'}$ $= r_1 \dfrac{\cos\alpha}{\cos\alpha'}$，$r_2' = \dfrac{r_{b2}}{\cos\alpha'} = r_2 \dfrac{\cos\alpha}{\cos\alpha'}$。一般情况下，节圆半径与分度圆半径不相等，节圆与分度圆不相重合。只有当啮合角 α' 等于渐开线齿廓在分度圆处的压力角 α 时，两个节圆半径才分别与两个齿轮的分度圆半径相等，两个节圆才分别与两个齿轮的分度圆重合。这种情况只有在该对齿轮的实际中心距等于标准中心距时才会出现。

（3）压力角与啮合角

压力角 α 是指单个齿轮渐开线齿廓上某一点的线速度方向与该点齿廓的法线方向所夹的锐角。渐开线齿廓上各点压力角的大小是不相等的（齿条齿廓例外）。啮合角 α' 是指一对齿轮啮合时，啮合线与两节圆公切线之间所夹的锐角。由于啮合线是两个齿轮基圆的内公切线，当两个齿轮在确定的中心距下安装后，在一个方向上只有一条固定的内公切线，所以啮合角 α' 的大小不随齿轮啮合过程而发生变化。当一对齿廓在节点 C 处啮合时，啮合点 K 与节点 C 重合，这时的压力角称为节圆压力角。相啮合的一对渐开线齿廓的节圆压力角必然相等，且恒等于啮合角。

（4）标准齿轮与零变位齿轮

标准齿轮不仅基本参数是标准值，分度圆齿厚与槽宽相等 $s = e = \dfrac{\pi m}{2}$，而且其齿高也是标准值 $h = (2h_a^* + c^*)m$。零变位齿轮的变位系数 $x = 0$，也具有标准值的基本参数，分度圆齿厚与槽宽也相等，但由于与该齿轮相啮合的是变位齿轮，故该齿轮的齿全高为 $h = (2h_a^* + c^* - \Delta y)m$，已不是标准值。

（5）变位齿轮与传动类型

变位齿轮是指单个齿轮是正变位齿轮（$x > 0$）、负变位齿轮（$x < 0$）或零变位齿轮（$x = 0$，齿全高不是标准值）。而传动类型则是按一对相啮合的齿轮变位系数之和来区分的：当 $x_1 + x_2 > 0$ 时，该对齿轮传动称为正传动；当 $x_1 + x_2 < 0$ 时，该对齿轮传动称为负传动；当 $x_1 + x_2 = 0$ 时，该对齿轮传动称为零传动。在这 3 个传动类型中的齿轮都可能既有正变位齿轮又有负变位齿轮。如正传动中，两个齿轮可以都是正变位齿轮，也可以一个是正变位齿轮（$x_1 > 0$），另一个是负变位齿轮（$x_2 < 0$）或零变位齿轮（$x_2 = 0$），只要 $x_1 + x_2 > 0$，则该对齿轮传动就属于正传动。又如负传动中，两个齿轮可以都是负变位齿轮，也可以一个是正变位齿轮或零变位齿轮,另一个是负变位齿轮,只要 $x_1+x_2<0$,则该对齿轮传动就属于负传动。

(6) 齿面接触线与啮合线

两轮齿廓曲面的瞬时接触线称为齿面接触线。当一对直齿圆柱齿轮啮合传动时,两轮的齿面接触线是与轴线平行的直线。在主动轮的齿廓曲面上,该接触线是由齿根逐渐走向齿顶;而在从动轮的齿廓曲面上,该接触线是由齿顶逐渐走向齿根。啮合线是指一对齿廓曲线在啮合传动过程中,其啮合点的轨迹。对于一对渐开线齿廓而言,其啮合线既是两基圆的内公切线,又是两齿廓在啮合点的公法线,同时也是不计摩擦时两齿廓间力的作用线。

(7) 理论啮合线与实际啮合线

由于基圆内无渐开线,故对于足够长的一对渐开线而言,其基圆内公切线的两个切点 N_1 和 N_2 分别为起始啮合和终止啮合的极限点,亦即基圆的内公切线 $\overline{N_1N_2}$ 是啮合线的极限长度,称之为理论啮合线。由于齿轮上所用的渐开线齿廓长度受到齿顶圆的限制,所以一对有限长的渐开线齿廓实际啮合线 $\overline{B_2B_1}$ 的长度小于理论啮合线 $\overline{N_1N_2}$。B_2 和 B_1 点在理论啮合线 $\overline{N_1N_2}$ 上的位置,由两个齿轮齿顶圆与理论啮合线 $\overline{N_2N_1}$ 的交点来确定。

(8) 齿轮齿条啮合传动与标准齿条型刀具范成加工齿轮

一对齿轮齿条无侧隙啮合传动过程中,存在着 4 个基本因素:两个几何因素——齿轮上的渐开线齿廓和齿条上的直线齿廓(特殊的渐开线);两个运动因素——齿轮的角速度 ω 和齿条的线速度 v。在这 4 个因素中,只要给定其中任何 3 个因素,就能获得第 4 个因素。在齿轮齿条传动时,齿轮和齿条的齿廓已经确定,只要再给定齿轮的角速度 ω,就能获得齿条的移动速度 v,$v=r\omega=\dfrac{mz}{2}\omega$。

标准齿条型刀具范成加工齿轮的运动情况,相当于齿轮齿条啮合传动的情况。不同的是,它是利用机床的传动系统,人为地使齿条刀具与被加工齿轮的轮坯按 $v_刀=\dfrac{mz}{2}\omega_坯$ 的运动关系运动,即已知两个运动因素,另一个已知因素是齿条刀具的直线齿廓。在已知这 3 个因素的情况下,刀具的直线齿廓在运动过程中必然在轮坯上切削(包络)出渐开线齿廓。

用齿条型刀具范成加工齿轮时,需要注意两点。其一是运动条件,即 $v_刀=\dfrac{mz}{2}\omega_坯$,或写成 $z=\dfrac{2v_刀}{m\omega_坯}$。该式表明:**被加工齿轮的齿数取决于 $v_刀$ 和 $\omega_坯$ 的比值,而与刀具和轮坯的相对位置无关**。在加工齿轮时,应根据被加工齿轮的模数 m 和齿数 z 来调整机床传动系统的传动比,使之满足上式所示的关系,才能加工出指定齿数 z 的齿轮。如果机床的传动比调整不当,不满足上述关系,则加工出来的齿轮齿数即使为整数,也不是所要求的齿数;而大多数情况下,按上式计算出来的齿数 z 不是整数,则当刀具相对于轮坯滚切几周后,轮坯上已经范成出来的轮齿将逐次被部分地切除,最后只能得到一个没有轮齿的、直径等于齿根圆的小圆柱体(或带有一个微量凸起)。其二是刀具与轮坯的相对位置,即**被加工齿轮的变位系数 x 主要取决于轮坯中心与刀具中线之间的距离 L,$x=\dfrac{L-r}{m}$**。当 $L=r$ 时,刀具中线与轮坯分度圆相切,$x=0$,加工出来的是标准齿轮或零变位齿轮;当 $L>r$ 时,刀具中线与轮坯分度圆分离,$x>0$,加工出来的是正变位齿轮;当 $L<r$ 时,刀具中线与轮坯分度圆相割,$x<0$,加工出来的是负变位齿轮。

3. 关于齿侧间隙问题

在机械原理教材中在分析一对齿轮的啮合传动时,是以无齿侧间隙为出发点的。实际应用的一对齿轮啮合传动是存在齿侧间隙的,不过这种齿侧间隙很小,是通过规定齿厚和中心距等的公差来保证的。齿轮啮合传动时存在微小侧隙的目的主要是为了便于在相互啮合的齿廓之间进行润滑,以及避免轮齿由于摩擦发热膨胀而引起挤压现象。在进行齿轮机构的运动设计时,仍应按照无齿侧间隙的情况进行设计。对一些传动速度较高、传递功率较大,而且要求使用寿命较长、振动小、噪声低以及具有较高的传动精度和可靠性的齿轮传动,必须进行齿轮机构的动力学设计。从机械动力学角度看,齿侧间隙即使很小,在一对齿轮传动过程中也会产生碰撞和冲击。另一方面,在齿轮机构传递重载的场合,轮齿啮合区会产生明显的弹性变形,加大了齿侧间隙的影响。这些问题已涉及齿轮弹性动力学的范畴。

4. 公法线长度及跨测齿数

检测齿轮精度时,通常要通过对公法线长度的测量,控制轮齿的齿侧间隙。如图4.3所示,卡尺的两个卡脚与齿廓相切于 A,B 两点,设卡尺的跨测齿数为 k,AB 的长度即为公法线长度 W_k:

$$W_k = (k-1)p_b + s_b \tag{4.1}$$

式中,p_b 为基圆齿距,$p_b = \pi m \cos\alpha$;s_b 为基圆齿厚,$s_b = \cos\alpha\,(s + mz\,\mathrm{inv}\alpha)$,分度圆齿厚 $s = \left(\dfrac{\pi}{2} + 2x\tan\alpha\right)m$。

将基圆齿距 p_b 和基圆齿厚 s_b 的表达式代入式(4.1),可得

$$W_k = m\cos\alpha[(k-0.5)\pi + z\,\mathrm{inv}\alpha] + 2xm\sin\alpha \tag{4.2}$$

在测量公法线长度时,首先应确定跨测齿数 k。当齿数 z 一定时,如果跨齿数太多,卡尺的卡爪可能与齿轮齿顶的棱角接触;若跨齿数太少,卡爪就可能与齿根部的非渐开线部分接触。上述两种情形测量的结果都不是真正的公法线长度。因此,为了保证卡尺卡在渐开线齿廓上,必须正确地选择卡尺的跨测齿数。由渐开线的性质以及图4.3中的几何关系可知 $W_k = 2r_b\tan\alpha_x$,由此不难得到卡尺跨测齿数 k 的计算公式:

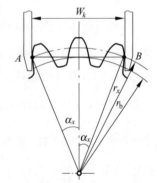

图4.3 公法线长度测量

$$k = \left(\frac{\alpha}{\pi}z + 0.5\right) + \frac{z}{\pi}(\tan\alpha_x - \tan\alpha) - \frac{2x}{\pi}\tan\alpha$$

式中,α_x 为渐开线在 $r_x = r + xm$ 圆上的压力角。

4.3 典型例题分析

例4.1 设计一对渐开线外啮合标准直齿圆柱齿轮机构。已知 $z_1 = 18$,$z_2 = 37$,$m = 5\text{mm}$,$\alpha = 20°$,$h_a^* = 1$,$c^* = 0.25$。试求:

(1) 两轮几何尺寸及中心距;

(2) 计算重合度 ε_a,并以长度比例尺 $\mu_l = 0.2\text{mm/mm}$ 绘出一对齿啮合区和两对齿啮合区。

解　(1)两轮几何尺寸及中心距

$$r_1 = \frac{1}{2}mz_1 = \frac{1}{2} \times 5 \times 18 = 45(\text{mm}) \qquad r_2 = \frac{1}{2}mz_2 = \frac{1}{2} \times 5 \times 37 = 92.5(\text{mm})$$

$$r_{a1} = r_1 + h_a^* m = 45 + 5 = 50(\text{mm}) \qquad r_{a2} = r_2 + h_a^* m = 92.5 + 5 = 97.5(\text{mm})$$

$$r_{f1} = r_1 - (h_a^* + c^*)m = 45 - 1.25 \times 5 \qquad r_{f2} = r_2 - (h_a^* + c^*)m = 92.5 - 1.25 \times 5$$
$$= 38.75(\text{mm}) \qquad\qquad\qquad = 86.25(\text{mm})$$

$$r_{b1} = r_1 \cos\alpha = 45\cos 20° = 42.286(\text{mm}) \qquad r_{b2} = r_2\cos\alpha = 92.5\cos 20° = 86.922(\text{mm})$$

$$s_1 = s_2 = \frac{\pi m}{2} = \frac{5\pi}{2} = 7.854(\text{mm}) \qquad a = \frac{m}{2}(z_1 + z_2) = \frac{5}{2} \times (18 + 37)$$
$$= 137.5(\text{mm})$$

(2)重合度 ε_α

$$\alpha_{a1} = \arccos\frac{r_{b1}}{r_{a1}} = \arccos\frac{r_1\cos\alpha}{r_{a1}} \qquad \alpha_{a2} = \arccos\frac{r_{b2}}{r_{a2}} = \arccos\frac{r_2\cos\alpha}{r_{a2}}$$

$$= \arccos\frac{45\cos 20°}{50} = 32.25° \qquad\qquad = \arccos\frac{92.5\cos 20°}{97.5} = 26.94°$$

$$\varepsilon_\alpha = \frac{1}{2\pi}[z_1(\tan\alpha_{a1} - \tan\alpha') + z_2(\tan\alpha_{a2} - \tan\alpha')]$$

$$= \frac{1}{2\pi}[18(\tan 32.25° - \tan 20°) + 37(\tan 26.94° - \tan 20°)] = 1.61$$

$$p_n = \pi m\cos\alpha = 5\pi\cos 20° = 14.761(\text{mm})$$

$$\overline{B_2 B_1} = \varepsilon_\alpha p_n = 1.61 \times 14.761 = 23.765(\text{mm})$$

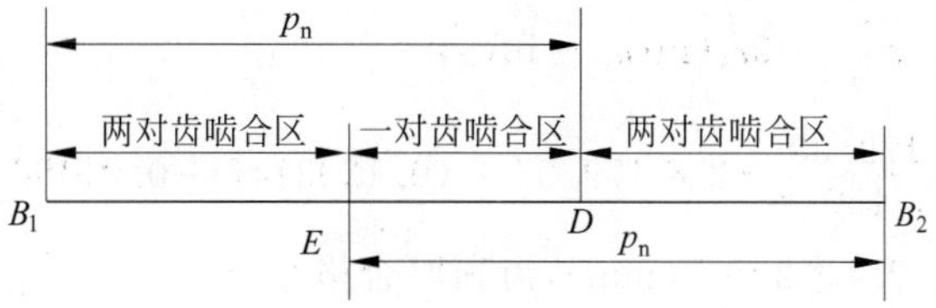

图 4.4　例 4.1 图

例 4.2　已知一对渐开线外啮合齿轮的齿数 $z_1 = z_2 = 15$,实际中心距 $a' = 325\text{mm}$,$m = 20\text{mm}$,$\alpha = 20°$,$h_a^* = 1$,$c^* = 0.25$,要求许用重合度 $[\varepsilon] = 1.2$,齿顶厚不小于 0.4mm。试设计这对齿轮传动。

解　(1)计算两轮变位系数

标准中心距 $\qquad\qquad a = \frac{m}{2}(z_1 + z_2) = \frac{20}{2} \times (15 + 15) = 300(\text{mm})$

啮合角 $\qquad\qquad \alpha' = \arccos\frac{a\cos\alpha}{a'} = \arccos\frac{300\cos 20°}{325} = 29.84°$

$$x_1 + x_2 = \frac{(\text{inv}\alpha' - \text{inv}\alpha)(z_1 + z_2)}{2\tan\alpha} = \frac{(0.0528266 - 0.0149044) \times 30}{2\tan 20°} = 1.5629$$

因两轮齿数相等,故取

$$x_1 = x_2 = \frac{1.5629}{2} = 0.782,$$

$$x_{\min} = \frac{17 - 15}{17} = 0.118$$

$x_1 = x_2 > x_{\min}$，在加工齿轮时不会发生根切。由于 $x_1 + x_2 > 0$，该对齿轮属于正传动。

（2）计算两轮几何尺寸

$$y = \frac{a' - a}{m} = \frac{325 - 300}{20} = 1.25$$

$$\Delta y = x_1 + x_2 - y = 1.563 - 1.25 = 0.313$$

$$r_1 = r_2 = r = \frac{mz}{2} = \frac{20 \times 15}{2} = 150 \text{(mm)}$$

$$r_{a1} = r_{a2} = r_a = r + h_a^* m + xm - \Delta y m$$
$$= 150 + 20 + 0.782 \times 20 - 0.313 \times 20 = 179.38 \text{(mm)}$$

$$r_{f1} = r_{f2} = r_f = r - (h_a^* + c^*)m + xm$$
$$= 150 - 1.25 \times 20 + 0.782 \times 20 = 140.64 \text{(mm)}$$

$$r_{b1} = r_{b2} = r_b = r\cos\alpha = 150\cos 20° = 140.954 \text{(mm)}$$

（3）检验重合度 ε_a 及齿顶厚 s_a

$$\alpha_a = \arccos \frac{r_b}{r_a} = \arccos \frac{r\cos\alpha}{r_a} = \arccos \frac{150\cos 20°}{179.38} = 38.21°$$

$$\varepsilon_a = \frac{1}{2\pi}[z_1(\tan\alpha_{a1} - \tan\alpha') + z_2(\tan\alpha_{a2} - \tan\alpha')]$$

$$= \frac{1}{\pi}[z_1(\tan\alpha_a - \tan\alpha')] = \frac{1}{\pi}[15(\tan 38.21° - \tan 29.84°)] = 1.02$$

$$s_1 = s_2 = s = \frac{\pi m}{2} + 2xm\tan\alpha = \frac{20\pi}{2} + 2 \times 0.782 \times 20\tan 20° = 42.801 \text{(mm)}$$

$$s_{a1} = s_{a2} = s_a = s\frac{r_a}{r} - 2r_a(\text{inv}\alpha_a - \text{inv}\alpha)$$

$$= 42.801 \times \frac{179.38}{150} - 2 \times 179.38 \times (0.1203147 - 0.0149044) = 13.367 \text{(mm)}$$

齿顶厚 $s_a > 0.4m = 0.4 \times 20 = 8 \text{(mm)}$，齿顶厚合格。

重合度 ε_a 虽然大于 1，但 $\varepsilon_a < [\varepsilon_a]$，小于许用重合度，不满足设计要求。

（4）改变齿数，取 $z_1 = z_2 = 16$，其他参数不变，重新设计。

啮合角 $$\alpha' = \arccos\frac{a\cos\alpha}{a'} = \arccos\frac{320\cos 20°}{325} = 22.3°$$

$$x_1 = x_2 = \frac{1}{2} \times \frac{(\text{inv}\alpha' - \text{inv}\alpha)(z_1 + z_2)}{2\tan\alpha}$$

$$= \frac{(0.0209215 - 0.0149044) \times (16 + 16)}{2 \times 2\tan 20°} = 0.132$$

$$x_{\min} = \frac{17 - 16}{17} = 0.059$$

$x_1 = x_2 > x_{\min}$，不会发生根切。

$$y = \frac{a' - a}{m} = \frac{325 - 320}{20} = 0.25$$

$$\Delta y = x_1 + x_2 - y = 0.132 + 0.132 - 0.25 = 0.014$$

$$r_1 = r_2 = r = \frac{mz}{2} = \frac{20 \times 16}{20} = 160 \text{(mm)}$$

$$r_{a1} = r_{a2} = r_a = r + h_a^* m + xm - \Delta ym$$
$$= 160 + 20 + 0.132 \times 20 - 0.014 \times 20 = 182.36 (\text{mm})$$

$$r_{f1} = r_{f2} = r_f = r - (h_a^* + c^*)m + xm$$
$$= 160 - 1.25 \times 20 + 0.132 \times 20 = 137.64 (\text{mm})$$

$$r_{b1} = r_{b2} = r_b = r\cos\alpha = 160\cos 20° = 150.351 (\text{mm})$$

$$\alpha_a = \arccos \frac{r_b}{r_a} = \arccos \frac{r\cos\alpha}{r_a} = \arccos \frac{160\cos 20°}{182.36} = 34.47°$$

$$\varepsilon_\alpha = \frac{1}{\pi}\left[z(\tan\alpha_a - \tan\alpha')\right]$$
$$= \frac{1}{\pi}\left[16(\tan 34.47° - \tan 22.3°)\right] = 1.41 > [\varepsilon_\alpha],$$

满足设计要求。

由于当 $z_1 = z_2 = 15$，$x = 0.782$ 时，$s_a > 0.4m$，故当 $z_1 = z_2 = 16$，$x = 0.132$ 时，s_a 也必然满足 $s_a > 0.4m$。

例 4.3 某设计人员设计了一个齿轮机构，两齿轮均为渐开线标准直齿圆柱齿轮，$m = 6\text{mm}$，$\alpha = 20°$，$h_a^* = 1$，$c^* = 0.25$，$z_1 = 25$，$z_2 = 56$，结构设计时发现轮 2 齿顶圆与轴Ⅲ干涉 1mm，如图 4.5 所示。改进设计时要求轮 2 齿顶圆与轴Ⅲ相距 2mm，并保持各轴位置和传动比 i_{12} 均不变。试计算重新设计后的两齿轮的分度圆直径、基圆直径、齿顶圆直径和齿根圆直径。

解 （1）传动类型与变位系数

由设计要求可知，齿轮 2 齿顶圆半径应减小 3mm，故齿轮 2 应采用负变位。

为保持各轴位置不变，轮 1 和轮 2 应采用高度变位传动，故齿轮 1 为正变位，且 $x_1 = -x_2$。由题意可知，$z_1 + z_2 > 2z_{\min}$，满足高度变位传动的齿数条件。

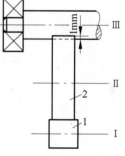

图 4.5　例 4.3 图

$$r_{a2} - r_{a2}' = 3 (\text{mm})$$

原齿轮 2 齿顶圆半径 $r_{a2} = \frac{1}{2}mz_2 + h_a^* m$

改进设计后的齿轮 2 齿顶圆半径 $r_{a2}' = \frac{1}{2}mz_2 + h_a^* m + x_2 m - \Delta ym$

由于齿轮 1 和齿轮 2 为高度变位齿轮传动，故 $\Delta y = 0$

由上述 4 式可得 $\left(\frac{1}{2}mz_2 + h_a^* m\right) - \left(\frac{1}{2}mz_2 + h_a^* m + x_2 m\right) = -x_2 m = 3\text{mm}$

$$x_2 = -\frac{3}{m} = -\frac{3}{6} = -0.5, \quad x_1 = -x_2 = 0.5$$

（2）计算两轮尺寸

分度圆直径

$$d_1 = mz_1 = 6 \times 25 = 150 (\text{mm})$$
$$d_2 = mz_2 = 6 \times 56 = 336 (\text{mm})$$

基圆直径

$$d_{b1} = d_1\cos\alpha = 150 \times \cos 20° = 140.95 (\text{mm})$$

$$d_{b2} = d_2\cos\alpha = 336 \times \cos20° = 315.74(\text{mm})$$

齿顶圆直径

$$d_{a1} = d_1 + 2(h_a^* + x_1 - \Delta y)m = 150 + 2 \times (1+0.5) \times 6 - 0 = 168(\text{mm})$$

$$d_{a2} = d_2 + 2(h_a^* + x_2 - \Delta y)m = 336 + 2 \times (1-0.5) \times 6 - 0 = 342(\text{mm})$$

齿根圆直径

$$d_{f1} = d_1 - 2(h_a^* + c^*)m + 2x_1 m$$
$$= 150 - 2 \times (1+0.25) \times 6 + 2 \times 0.5 \times 6 = 141(\text{mm})$$

$$d_{f2} = d_2 - 2(h_a^* + c^*)m + 2x_2 m$$
$$= 336 - 2 \times (1+0.25) \times 6 - 2 \times 0.5 \times 6 = 315(\text{mm})$$

例 4.4 设计一对外啮合圆柱齿轮机构,用于传递中心距为138mm的两平行轴之间的运动。要求其传动比 $i_{12}=5/3$,传动比误差不超过 $\pm1\%$。已知:$m=4\text{mm}$,$\alpha=20°$,$h_a^*=1$,$c^*=0.25$,试设计这对齿轮传动:

解 方案一 采用直齿圆柱齿轮正传动,

$$z_1 < \frac{2a'}{m(1+i_{12})} = \frac{2 \times 138}{4 \times \left(1+\dfrac{5}{3}\right)} = 25.875$$

取 $z_1=25$,则 $z_2 = i_{12}z_1 = \dfrac{5}{3} \times 25 = 41.667$,取 $z_2=42$,传动比误差 $= \left| \dfrac{\dfrac{5}{3} - \dfrac{42}{25}}{\dfrac{5}{3}} \right| = 0.008 <$

1%,满足要求。(若取 $z_2=43$,则传动比误差为 $0.032>1\%$)。

$$a = \frac{m}{2}(z_1+z_2) = \frac{4}{2} \times (25+42) = 134(\text{mm})$$

$$\alpha' = \arccos\left(\frac{a\cos\alpha}{a'}\right) = \arccos\left(\frac{134\cos20°}{138}\right) = 24.153°$$

$$\text{inv}\alpha' = \tan\alpha' - \frac{\alpha'}{180°}\pi = \tan24.153° - \frac{24.153°}{180°} \times \pi = 0.0268828$$

$$x_1 + x_2 = \frac{(z_1+z_2)(\text{inv}\alpha' - \text{inv}\alpha)}{2\tan\alpha}$$
$$= \frac{(25+42) \times (0.0268828 - 0.014904)}{2\tan20°}$$
$$= 1.1025$$

变位系数 x_1 和 x_2 的选择可采用封闭图法。一旦分配了两轮的变位系数 x_1,x_2,即可计算两轮的几何尺寸,最后校核重合度 ε_a 和两轮的顶圆齿厚。(从略)

方案二 采用平行轴标准斜齿圆柱齿轮传动。中心距公式为

$$a = \frac{m_n(z_1+z_2)}{2\cos\beta}$$

取 $z_1=25$,$z_2=42$,$m_n=4\text{mm}$,计算分度圆螺旋角

$$\beta = \arccos\left[\frac{m_n(z_1+z_2)}{2a}\right] = \arccos\left[\frac{4 \times (25+42)}{2 \times 138}\right] = 13.829°$$

螺旋角大小比较合适。

计算该对平行轴斜齿圆柱齿轮的端面参数：

$$m_t = \frac{m_n}{\cos\beta} = \frac{4}{\cos 13.829°} = 4.119(\text{mm})$$

$$\alpha_t = \arctan\left(\frac{\tan\alpha_n}{\cos\beta}\right) = \arctan\left(\frac{\tan 20°}{\cos 13.829°}\right) = 20.548°$$

$$h_{at}^* = h_{an}^* \cos\beta = 1\cos 13.829° = 0.971$$

$$c_t^* = c_n^* \cos\beta = 0.25\cos 13.829° = 0.243$$

计算该对齿轮几何尺寸及重合度 ε_r：

$$r_1 = \frac{m_t z_1}{2} = \frac{4.119 \times 25}{2} = 51.488(\text{mm})$$

$$r_2 = \frac{m_t z_2}{2} = \frac{4.119 \times 42}{2} = 86.499(\text{mm})$$

$$r_{a1} = m_t\left(\frac{z_1}{2} + h_{at}^*\right) = 4.119 \times \left(\frac{25}{2} + 0.971\right)$$
$$= 55.487(\text{mm})$$

$$r_{a2} = m_t\left(\frac{z_2}{2} + h_{at}^*\right) = 4.119 \times \left(\frac{42}{2} + 0.971\right)$$
$$= 90.499(\text{mm})$$

$$\alpha_{at1} = \arccos\left(\frac{r_{b1}}{r_{a1}}\right) = \arccos\left(\frac{\frac{m_t z_1}{2}\cos\alpha_t}{r_{a1}}\right)$$
$$= \arccos\left(\frac{\frac{4.119 \times 25}{2} \times \cos 20.548°}{55.487}\right)$$
$$= 29.671°$$

$$\alpha_{at2} = \arccos\left(\frac{r_{b2}}{r_{a2}}\right) = \arccos\left(\frac{\frac{m_t z_2}{2}\cos\alpha_t}{r_{a2}}\right)$$
$$= \arccos\left(\frac{\frac{4.119 \times 42}{2}\cos 20.548°}{90.499}\right) = 26.493°$$

取齿宽 $b = 50\text{mm}$，则

$$\varepsilon_r = \varepsilon_\alpha + \varepsilon_\beta = \frac{1}{2\pi}\left[z_1(\tan\alpha_{at1} - \tan\alpha_t) + z_2(\tan\alpha_{at2} - \tan\alpha_t)\right] + \frac{b\sin\beta}{\pi m_n}$$

$$= \frac{1}{2\pi}\left[25(\tan 29.671° - \tan 20.548°) + 42(\tan 26.493° - \tan 20.548°)\right]$$
$$+ \frac{50\sin 13.829°}{\pi \times 4}$$

$$= \frac{1}{2\pi}[4.8719865 + 5.1907474] + 0.951$$

$$= 1.602 + 0.951 = 2.553$$

该例说明,为了配凑中心距,既可以采用直齿圆柱齿轮变位传动,也可以采用斜齿圆柱齿轮机构,通过选择斜齿轮的螺旋角 β 来配凑中心距。并且采用斜齿轮机构传动可以获得更大的重合度,有利于提高承载能力和使传动更加平稳。

思考 除上述两种方案外,你还能列出其他可能的方案吗?

例4.5 在图 4.6 所示的蜗杆蜗轮机构中,已知蜗杆的旋向和转向,试判断蜗轮的转向。

解 在蜗杆蜗轮机构中,通常蜗杆是主动件,从动件蜗轮的转向主要取决于蜗杆的转向和旋向。可以用左、右手法则来确定,右旋用右手判定,左旋用左手断定。

图 4.6(a)所示是右旋蜗杆蜗轮,用右手四指沿蜗杆角速度 ω_1 方向弯曲,则拇指所指方向的相反方向即是蜗轮上啮合接触点的线速度方向,所以蜗轮以角速度 ω_2 逆时针方向转动。图 4.6(b)的螺旋线是左旋,用左手四指沿蜗杆角速度 ω_1 方向弯曲,则拇指所指方向的相反方向即为蜗轮上啮合接触点的线速度方向,所以蜗轮以角速度 ω_2 顺时针方向转动。如果把图 4.6(b)的蜗轮放在蜗杆下方,如图 4.6(c)所示,则蜗轮逆时针方向转动,这说明蜗轮转向还与蜗杆蜗轮相对位置有关。

蜗杆蜗轮转动方向也可借助于螺旋方向相同的螺杆螺母来确定,即把蜗杆看作螺杆,蜗轮看作螺母,当螺杆只能转动而不能作轴向移动时,螺母移动的方向即表示蜗轮上啮合接触点的线速度方向,从而确定了蜗轮转动方向。

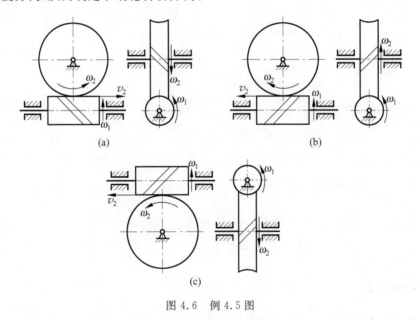

图 4.6 例 4.5 图

4.4 复习思考题

1. 叙述齿廓啮合基本定律,这个定律是否仅仅用来确定一对相啮合齿廓的传动比?

2. 渐开线是如何形成的? 有哪些重要性质? 试列出渐开线方程式。一对渐开线齿廓相啮合有哪些啮合特性?

3. 一对齿廓曲线应该满足什么条件才能使其传动比为常数？渐开线齿廓能否实现定传动比？

4. 齿距的定义是什么？何谓模数？为什么要规定模数的标准系列？在直齿圆柱齿轮、斜齿圆柱齿轮、蜗杆蜗轮和直齿圆锥齿轮上，何处的模数是标准值？

5. 渐开线齿廓上某点压力角是如何确定的？渐开线齿廓上各点的压力角是否相同？

6. 渐开线直齿圆柱齿轮的基本参数有哪几个？哪些是有标准的，其标准值为多少？为什么这些参数称为基本参数？

7. 分度圆与节圆有什么区别？在什么情况下节圆与分度圆重合？

8. 啮合线是一条什么线？啮合角与压力角有什么区别？在什么情况下两者大小相等？

9. 何谓法向齿距和基圆齿距？它们之间有什么关系？

10. 渐开线的形状取决于什么？若两个齿轮的模数和齿数分别相等，但压力角不同，它们齿廓渐开线形状是否相同？一对相啮合的两个齿轮，若它们的齿数不同，它们齿廓的渐开线形状是否相同？

11. 渐开线直齿圆柱齿轮机构需满足哪些条件才能相互啮合正常运转？为什么要满足这些条件？

12. 一对渐开线外啮合直齿圆柱齿轮机构的实际中心距大于设计中心距，其传动比 i_{12} 是否有变化？节圆与啮合角是否有变化？这一对齿轮能否正确啮合？重合度是否有变化？

13. 一标准齿轮与标准齿条相啮合，当齿条的中线与分度圆不相切时，会发生什么问题？节圆会不会改变？节线会不会改变？重合度会不会改变？

14. 重合度的物理意义是什么？有哪些参数会影响重合度，这些参数的增加会使重合度增大还是减小？

15. 何谓齿廓的根切现象？产生根切的原因是什么？根切有什么危害？如何避免根切？

16. 用标准齿条型刀具切制齿轮与齿轮齿条啮合传动有何异同？

17. 何谓变位齿轮？齿轮变位修正的目的是什么？齿轮变位后与标准齿轮相比较哪些尺寸发生了变化？哪些尺寸没有改变？何谓标准齿轮，标准齿轮与非变位齿轮是否相同？

18. 直齿圆柱齿轮有哪些传动类型？它们各用在什么场合？

19. 正传动类型中的齿轮是否一定都是正变位齿轮？负传动类型中的齿轮是否一定都是负变位齿轮？

20. 什么传动类型必须将齿轮的齿顶高降低，为什么？齿高变动系数如何确定？

21. 平行轴斜齿圆柱齿轮机构的基本参数有哪些？基本参数的标准值是在端面还是在法面，为什么？

22. 平行轴斜齿圆柱齿轮机构的螺旋角 β 对传动有什么影响？它的常用取值范围是多少，为什么？

23. 在设计齿轮机构时，当齿数和模数确定后，是否可以用调整螺旋角 β 大小的方法来满足两平行轴之间实际中心距的要求？

24. 蜗杆分度圆直径 d 如何选择？d 的大小对蜗杆蜗轮机构有什么影响？

25. 何谓蜗杆蜗轮机构的中间平面？在中间平面内，蜗杆蜗轮机构相当于什么传动？

26. 在已知螺旋线方向和蜗杆转向的情况下,如何确定蜗轮的转动方向?

27. 直齿圆锥齿轮机构的传动比与其分度圆锥角 δ_1 及 δ_2 有什么关系?

28. 平行轴斜齿圆柱齿轮机构、蜗杆蜗轮机构和直齿圆锥齿轮机构的正确啮合条件与直齿圆柱齿轮机构的正确啮合条件相比较有何异同?

29. 何谓斜齿圆柱齿轮和直齿圆锥齿轮的当量齿数? 当量齿数有什么用途? 如何计算?

30. 蜗杆蜗轮机构可用于增速传动吗? 为什么?

31. 当两轴中心距不等于齿轮机构标准中心距时,有何解决措施? 各有何优缺点?

4.5 自 测 题

4-1 判断题(对的填"√",错的填"×")

(1) 任意倾斜的法向齿距,其大小都等于基圆齿距。( )

(2) 直齿圆柱齿轮分度圆上齿厚与齿槽相等时,该齿轮一定是标准齿轮。( )

(3) 节圆与分度圆相重合的一对直齿圆柱齿轮机构作无齿侧间隙啮合传动时,这两个齿轮都应为标准齿轮。( )

(4) 当不发生根切的最小变位系数为负值时,该齿轮就需要负变位。( )

(5) 组成正传动的齿轮应是正变位齿轮。( )

(6) 只有一对标准齿轮在标准中心距情况下啮合传动时,啮合角的大小才等于分度圆压力角。( )

(7) 由于平行轴斜齿圆柱齿轮机构的几何尺寸在端面计算,所以基本参数的标准值规定在端面。( )

(8) 在设计用于传递平行轴运动的齿轮机构时,若中心距不等于标准中心距,则只能采用变位齿轮以配凑实际中心距。( )

(9) 由于直齿圆锥齿轮机构的传动比 $i_{12}=\dfrac{z_2}{z_1}$,故与两轮的分度圆锥角大小无关。( )

(10) 非圆齿轮啮合过程中两齿廓公法线与两轮连心线的交点在连心线上的一个区域内变化。( )

4-2 填空题

(1) 用极坐标表示的渐开线方程式为_____和_____。

(2) 直齿圆柱齿轮机构重合度的定义是_____,当 $\alpha=20°$,$h_a^*=1$ 时,其最大重合度 $\varepsilon_{\alpha\,max}=$____。

(3) 用齿条型刀具范成加工齿轮时,被加工齿轮的齿数 z 取决于_____,其变位系数 x 取决于_____。

(4) 直齿圆柱齿轮机构在设计时需要满足的条件和核验的项目有:_____
_____。

(5) 在设计直齿圆柱齿轮机构时,首先考虑的传动类型是_____,其次是_____,在不得已的情况下,如_____只能选择_____。

（6）平行轴斜齿圆柱齿轮机构的基本参数有＿＿＿＿＿＿＿＿＿＿＿。

（7）平行轴外啮合斜齿圆柱齿轮机构的正确啮合条件是＿＿＿＿＿＿＿＿＿＿＿＿＿＿＿。

（8）加大螺旋角 β 可增加平行轴斜齿圆柱齿轮机构的＿＿＿＿＿＿＿＿，但同时也会加大＿＿＿＿＿＿＿＿，所以螺旋角 β 应控制在＿＿＿＿范围内。

（9）蜗杆蜗轮机构的中间平面是指＿＿＿＿＿＿＿＿＿＿＿＿＿＿＿＿＿的平面，在中间平面内相当于＿＿＿＿啮合传动。

（10）直齿圆锥齿轮机构的背锥是与＿＿＿＿＿＿＿＿相切的圆锥，把背锥展开补齐的齿轮称为＿＿＿＿＿，其齿数称为＿＿＿＿＿＿，它有以下用途：＿＿＿＿＿＿＿＿。

4-3 图 4.7 所示为以长度比例尺 $\mu_l = 1\,\mathrm{mm/mm}$ 画成的一对直齿圆柱齿轮机构部分轮齿啮合的情况。

（1）画出 ω_2 为主动时的啮合线 $\overline{N_1N_2}$（另一条不画）；

（2）标出 A 齿以及与 A 齿相啮合的轮齿的齿廓工作段；

（3）图示共有＿＿＿＿对轮齿传力；

（4）在图上标出法向齿距 p_n 与基圆齿距 p_b；

（5）在实际啮合线上标出一对轮齿和两对轮齿啮合区；

（6）在图上量出有关线段并算出重合度 ε_a；

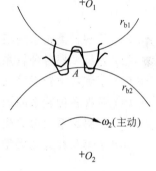

（7）若将两轮的中心距从图示位置拉开 $1.5\,\mathrm{mm}$，则此时的啮合角 α' 将加大、减小还是保持不变，传动比 i_{21} 将变大、减小还是保持不变。

图 4.7　自测题 4-3 图

4-4 图 4.8 所示为齿轮齿条作无齿侧间隙啮合传动的情况。主动齿轮逆时针方向转动，试在图中标出：啮合线、齿条节线、齿轮分度圆与节圆、啮合角以及齿轮与齿条的齿廓工作段。

4-5 图 4.9 所示为一变速箱，可以实现 3 种传动比，各轮齿数分别为 $z_1 = z_1' = z_1'' = 43$，$z_2 = 43, z_3 = 42, z_4 = 41, m = 4\,\mathrm{mm}, \alpha = 20°, h_a^* = 1$，滑动齿轮 $z_1 - z_1' - z_1''$ 可以分别与 z_2, z_3 和 z_4 相啮合。两轴之间中心距 $a' = 170\,\mathrm{mm}$，试确定这 3 对齿轮的传动类型（不必计算尺寸）。

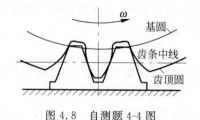

图 4.8　自测题 4-4 图

图 4.9　自测题 4-5 图

4-6 设计一对渐开线标准平行轴外啮合斜齿圆柱齿轮机构，其基本参数为 $z_1 = 21$，$z_2 = 51, m_n = 4\,\mathrm{mm}, \alpha_n = 20°, h_{an}^* = 1, c_n^* = 0.25, \beta = 20°$，齿宽 $b = 30\,\mathrm{mm}$。试求：

（1）法面齿距 p_n 和端面齿距 p_t；

（2）当量齿数 z_{v1} 和 z_{v2}；

（3）中心距 a；

（4）重合度 $\varepsilon_\gamma = \varepsilon_a + \varepsilon_\beta$。

轮　系

5.1　基本要求

(1) 了解各类轮系的组成和运动特点,学会判断一个已知轮系属于何种轮系。

(2) 熟练掌握各种轮系传动比的计算方法,会确定主、从动轮的转向关系。

(3) 了解各类轮系的功能,学会根据工作要求选择轮系的类型。

(4) 掌握各种轮系的设计方法。

(5) 了解轮系效率的概念。

(6) 了解几种其他类型行星传动的原理及特点。

5.2　重点、难点提示与辅导

本章的重点是轮系的传动比计算和轮系的设计。前者是指会判断一个给定轮系的类型并确定其传动比;后者指根据工作要求选择轮系的类型并确定各轮的齿数。

1. 轮系的传动比

根据结构组成和运动特点,轮系可分为定轴轮系、周转轮系和混合轮系三大类。轮系的类型不同,其传动比的计算方法也不同。对已有轮系进行分析时,首先要判断其属于何种类型,然后计算其传动比的大小并确定主、从动轮的转向关系。

1) 定轴轮系

在一个轮系中,若所有齿轮在运动过程中其几何轴线的位置均固定不变,则可判定该轮系为定轴轮系(亦称普通轮系)。

虽然定轴轮系的传动比计算最为简单,但它却是本章的重点内容之一。这是因为:其一,定轴轮系在工程中应用最为广泛;其二,定轴轮系传动比的计算是其他类型轮系传动比计算的基础。因此要求读者必须熟练掌握它。

定轴轮系传动比的大小,等于组成轮系的各对啮合齿轮中从动轮齿数的连乘积与主动轮齿数的连乘积之比,即

$$i_{主从}=\frac{\omega_主}{\omega_从}=\frac{n_主}{n_从}=\frac{各级啮合中从动轮齿数的连乘积}{各级啮合中主动轮齿数的连乘积}$$

　　定轴轮系传动比计算中容易出错和被忽略的地方是主、从动轮转向关系的确定。关于定轴轮系中主、从动轮转向关系的确定有 3 种情况。

　　(1) 轮系中各轮几何轴线均互相平行的情况

　　这是工程中最常见的情况,组成这种轮系的所有齿轮均为直齿或斜齿圆柱齿轮。在这种情况下,可用$(-1)^m$来确定轮系传动比的正负号,m 为轮系中外啮合的对数。若计算结果为正,则说明主、从动轮转向相同;为负则说明主、从动轮转向相反。

　　需要提醒读者注意的是,由于传动比的正负号很容易被忽略,所以初学者应养成在传动比的数值前面标以正、负号的习惯。即使是首末两轮转向相同,也应标以"＋"号,以表示在计算传动比的过程中,已经考虑过转向问题了。否则,一旦忘记标注,则对于首末两轮转向相反的情况,就会误以为两者转向相同,这对于周转轮系传动比的计算将会产生很大影响(周转轮系的传动比是通过其转化机构计算的,而其转化机构为一个定轴轮系),从而导致计算结果的错误。

　　需要注意的另一个问题是惰轮的作用。**当定轴轮系中有惰轮时,虽然其齿数对传动比数值的大小没有影响,但它的存在对末轮的转向将产生影响,这个作用不可忽视**。因此,在计算轮系传动比时,对轮系中的惰轮应给予重视。

　　(2) 轮系中所有齿轮的几何轴线不都平行,但首末两轮的轴线互相平行的情况

　　由于首末两轮的几何轴线依然平行,故仍可用正、负号来表示两轮之间的转向关系:二者转向相同时,在传动比计算结果中标以正号;二者转向相反时,在传动比计算结果中标以负号。需要特别注意的是,这里所说的正负号是用在图上画箭头的方法来确定的,而与$(-1)^m$无关。如图 5.1(a)所示的定轴轮系,其传动比为

$$i_{13} = \frac{\omega_1}{\omega_3} = \frac{n_1}{n_3} = -\frac{z_2 z_3}{z_1 z_{2'}}$$

由于在图 5.1 中用画箭头的方法判断出轮 3 与轮 1 转向相反,故在其传动比数值前应标以负号。若用$(-1)^m$来判断,则会得出错误的结果。这一点,在计算由锥齿轮所组成的周转轮系之转化机构的传动比时,应给予特别注意,否则,将造成周转轮系传动比计算结果的错误。

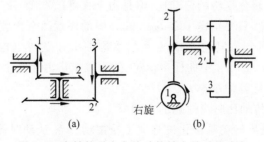

图 5.1　定轴轮系中主从动轮转向关系的确定

　　(3) 轮系中首末两轮几何轴线不平行的情况

　　当首末两轮的几何轴线不平行时,首末两轮的转向关系不能用正、负号来表示,而只能用在图上画箭头的方法来表示。如图 5.1(b)所示的轮系,其传动比为

$$i_{13} = \frac{\omega_1}{\omega_3} = \frac{n_1}{n_3} = \frac{z_2 z_3}{z_1 z_{2'}}$$

转向关系如图所示。

注意,这里传动比计算结果中没有正负号并不表明其为正值!因为轮 1(蜗杆)和轮 3(内齿轮)的几何轴线不平行,它们不在同一平面中运动,根本谈不上转向是相同还是相反。

2) 周转轮系

在一个轮系运转的过程中,若其中至少有一个齿轮的几何轴线的位置不固定,而是绕着其他定轴齿轮的轴线作周转运动,则可判定该轮系中含有周转轮系。一个周转轮系由行星轮、系杆和中心轮等几部分组成,其中,中心轮和系杆的运转轴线重合。

周转轮系的传动比计算是本章的重点内容之一,读者应熟练掌握。

(1) 周转轮系传动比计算的基本思路

周转轮系与定轴轮系的根本区别在于:周转轮系中有一个转动着的系杆,由于它的存在使行星轮既自转又公转。因此,周转轮系的传动比不能像定轴轮系那样,以简单的齿数反比的形式来表示。为了解决周转轮系传动比的计算问题,可假想给整个轮系加上一个公共的角速度($-\omega_H$),使系杆固定不动,这样,周转轮系就转化成了一个假想的定轴轮系。该假想的定轴轮系称为周转轮系的"转化机构",它是解决周转轮系传动比计算的一个"桥梁"。即通过它把周转轮系传动比计算问题,转化为人们熟知的定轴轮系传动比计算。借助于转化机构(它是一个定轴轮系)的传动比计算式,来导出周转轮系中各基本构件绝对角速度(或转速)之间的关系式,是周转轮系传动比计算的关键步骤。

周转轮系的类型很多,若仅仅为了计算其传动比,一般来说,可以不必考虑它属于哪种类型的周转轮系,尤其不必去死记硬背各类周转轮系传动比计算的特点,否则将陷入一大堆"专用"公式和解题条文之中。这样,既增加了学习的难度,又不容易突出重点。实际上,只要透彻地理解了周转轮系转化机构传动比计算的基本公式,再掌握一定的解题技巧,就能熟练解决各种周转轮系的传动比计算问题。

(2) 周转轮系传动比的计算方法

设周转轮系中两个中心轮为 1 和 n,系杆为 H,则其转化机构的传动比 i_{1n}^{H} 的计算公式为

$$i_{1n}^{H} = \frac{\omega_1^{H}}{\omega_n^{H}} = \frac{\omega_1 - \omega_H}{\omega_n - \omega_H} = \pm \frac{z_2 \cdots z_n}{z_1 \cdots z_{n-1}} \tag{5.1}$$

虽然我们的目的并非求转化机构的传动比,但是由上式可以看出,在各轮齿数均已知的情况下,i_{1n}^{H} 总可以求出。因此,只要给定了 ω_1、ω_n 和 ω_H 中的任意两个参数,就可以由上式求出第三者,从而可以方便地得到周转轮系中 3 个基本构件中任意两个构件之间的传动比 i_{1H},i_{nH},i_{1n};或者只要给出 ω_1,ω_n,ω_H 中的任一个量,就可以求出另外两个量的比值(即传动比)。这就是周转轮系传动比计算的基本方法。

(3) 计算周转轮系传动比时应注意的事项

① 式(5.1)中,i_{1n}^{H} 是周转轮系转化机构中 1 轮主动、n 轮从动时的传动比。由于周转轮系的转化机构是一个定轴轮系,故其传动比 i_{1n}^{H} 的大小和正负号应完全按定轴轮系来处理。例如,对于图 5.2(a)所示的轮系,其转化机构的传动比 i_{13}^{H}(即在转化机构中 1 轮主动、3 轮从动时的传动比)为

$$i_{13}^{H} = \frac{\omega_1 - \omega_H}{\omega_3 - \omega_H} = (-1)^1 \frac{z_3}{z_1} = -\frac{z_3}{z_1}$$

对于图 5.2(b)所示的轮系,其转化机构的传动比 i_{13}^{H} 为

$$i_{13}^{H} = \frac{\omega_1 - \omega_H}{\omega_3 - \omega_H} = (-1)^2 \frac{z_2 z_3}{z_1 z_{2'}} = +\frac{z_2 z_3}{z_1 z_{2'}}$$

对于图 5.2(c)所示的由锥齿轮所组成的空间周转轮系,其转化机构的传动比 i_{13}^{H},大小仍按定轴轮系传动比公式计算,其正负号则应根据在转化机构中用箭头表示的结果来确定,而不能按外啮合的对数(即 $(-1)^{m}$)来确定。具体作法是:先用画箭头的方法判断各轮的转向,如图中的虚线箭头所示。因 n_{1}^{H} 与 n_{3}^{H} 的箭头方向相反,故应在传动比计算的数值前面加上负号,即

$$i_{13}^{H} = \frac{\omega_{1} - \omega_{H}}{\omega_{3} - \omega_{H}} = \frac{n_{1} - n_{H}}{n_{3} - n_{H}} = -\frac{z_{2}z_{3}}{z_{1}z_{2'}}$$

初学者往往忘记在这里加上正负号或将正负号标错,这将会导致计算结果错误,因此应给予特别重视。

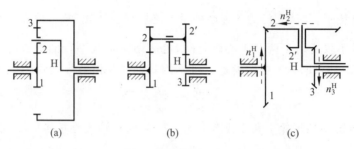

图 5.2　周转轮系的传动比

② **周转轮系转化机构的传动比 i_{1n}^{H} 计算结果中的正、负号,仅仅表明在该轮系的转化机构中,中心轮 1 和 n 的转向之间的关系,绝不反映该周转轮系中 1 轮和 n 轮的绝对转向之间的关系。**即,若 i_{13}^{H} 为负值,只说明该轮系转化机构中轮 1 与轮 3 转向相反,并不意味着在该周转轮系中轮 1 与轮 3 的实际转向(绝对转向)也一定相反;若 i_{13}^{H} 为正值,只说明该轮系转化机构中轮 1 与轮 3 转向相同,并不意味着在该周转轮系中轮 1 与轮 3 的实际转向也一定相同。例如,对于图 5.2(c)所示的轮系,设 $z_{1}=z_{2}=60$,$z_{2'}=20$,$z_{3}=30$,则

$$i_{13}^{H} = \frac{n_{1} - n_{H}}{n_{3} - n_{H}} = -\frac{z_{2}z_{3}}{z_{1}z_{2'}} = -\frac{60 \times 30}{60 \times 20} = -\frac{3}{2}$$

若给定 $n_{1} = +180 \text{r/min}$,$n_{H} = +60 \text{r/min}$,则有

$$i_{13}^{H} = \frac{n_{1} - n_{H}}{n_{3} - n_{H}} = \frac{180 - 60}{n_{3} - 60} = -\frac{3}{2}$$

解得 $n_{3} = -20 \text{r/min}$,即轮 3 与轮 1 的实际转向相反。但若给定 $n_{1} = +60 \text{r/min}$,$n_{H} = +180 \text{r/min}$,则有

$$i_{13}^{H} = \frac{n_{1} - n_{H}}{n_{3} - n_{H}} = \frac{60 - 180}{n_{3} - 180} = -\frac{3}{2}$$

解得 $n_{3} = +260 \text{r/min}$,即轮 3 与轮 1 的实际转向相同。

这个例子说明,n_{1}^{H} 与 n_{3}^{H} 的转向关系绝不能作为判定 n_{1} 与 n_{3} 转向关系的依据,n_{1} 与 n_{3} 的实际转向关系是通过计算结果来判定的。初学者对此问题容易混淆。所以,建议读者在解题过程中将转化机构中的各轮转向 n_{1}^{H},n_{2}^{H},n_{3}^{H} 等用虚线箭头画出,而将周转轮系各构件的实际转向根据最后的计算结果用实线箭头标在图中,以示区别。即**周转轮系中各轮的实际转向关系,既不能用 $(-1)^{m}$ 来判定,也不能用画箭头的方法来判定,只能根据计算结果来判断。**

③ 式(5.1)中的 $\omega_1,\omega_n,\omega_H$ 是周转轮系中各基本构件的真实角速度。对于差动轮系来讲,因其具有两个自由度,因此在 3 个基本构件中,必须有两个构件的运动规律已知,机构才具有确定的运动。即 ω_1,ω_n 和 ω_H 中,必须有两个是已知的,才能求出第三个。由于角速度(或转速)是具有方向的矢量,**若已知两个转速的方向相反,则在代入数值求解时,必须一个代正值,一个代负值,第三个转速的方向则根据计算结果的正负号来确定**。初学者往往忽略这一点,从而造成计算结果的错误,因此应引起格外的注意。

④ $i_{1n}^H = \dfrac{\omega_1^H}{\omega_n^H}$ 是通过角速度矢量合成的方法导出的齿轮 1 和齿轮 n 相对于系杆 H 的相对角速度关系式,式中涉及的各构件的转动角速度 ω_1,ω_n 和 ω_H 本质上均为矢量。只有当各有关构件的轴线互相平行时,它们的角速度矢量才能用代数法相加减,公式 $i_{1n}^H = \dfrac{\omega_1^H}{\omega_n^H} = \dfrac{\omega_1 - \omega_H}{\omega_n - \omega_H}$ 才成立。该公式不仅适用于两个中心轮之间,也适用于轴线平行的中心轮和行星轮之间。例如,对于图 5.2(a),(b),(c)中的齿轮 1 和 3,因其轴线互相平行,故均可写出

$$i_{13}^H = \frac{\omega_1^H}{\omega_3^H} = \frac{\omega_1 - \omega_H}{\omega_3 - \omega_H}$$

对于图 5.2(a),(b)中的齿轮 1 和 2 或者齿轮 2 和 3,因其轴线也互相平行,故可写出

$$i_{12}^H = \frac{\omega_1^H}{\omega_2^H} = \frac{\omega_1 - \omega_H}{\omega_2 - \omega_H}$$

或

$$i_{23}^H = \frac{\omega_2^H}{\omega_3^H} = \frac{\omega_2 - \omega_H}{\omega_3 - \omega_H}$$

但是,绝不能将公式用于轴线不平行的两个齿轮之间。例如,对于图 5.2(c)中的中心轮 1 和行星轮 2,由于行星轮 2 的角速度矢量与系杆 H 的角速度矢量不平行,所以不能用代数法加减,即 $\omega_2^H \neq \omega_2 - \omega_H$,故

$$i_{12}^H = \frac{\omega_1^H}{\omega_2^H} \neq \frac{\omega_1 - \omega_H}{\omega_2 - \omega_H}$$

这一点也请读者注意。

3) 混合轮系

若一个轮系中既含有周转轮系部分又含有定轴轮系部分,则可判定该轮系为混合轮系;或者一个轮系是由几个单一的周转轮系组合而成,而各周转轮系不共用一个系杆,则也可判定该轮系为混合轮系。

混合轮系传动比的计算既是本章的重点,也是本章的难点。读者务必熟练掌握。

(1) 混合轮系传动比计算的基本思路

在计算混合轮系传动比时,既不能将整个轮系作为一个定轴轮系来处理,也不能对整个轮系采用转化机构的办法。因为若将整个轮系加上一个($-\omega_H$)的公共角速度,虽然可将轮系中原来的周转轮系部分转化为一个定轴轮系,但同时却使轮系中原来的定轴轮系部分转化成了周转轮系,问题仍得不到解决。即使是对于由几个单一的周转轮系所组成的混合轮系,由于各个周转轮系不共用同一个系杆(若共用一个系杆,则整个轮系为一个周转轮系,不属于混合轮系),也无法加上一个公共的角速度($-\omega_H$)将整个轮系转化为定轴轮系。

计算混合轮系传动比的正确方法是:首先,将各个基本轮系正确地划分开来,分别列出

计算各基本轮系传动比的关系式,然后找出各基本轮系之间的联系,最后将各个基本轮系传动比关系式联立求解。

(2) 混合轮系传动比的计算步骤

① 首先正确地划分各个基本轮系。这是求解混合轮系传动比的关键,也是这类问题的难点所在。在划分基本轮系时,先要找出各个单一的周转轮系。具体方法是:先找出那些几何轴线不固定而绕其他定轴齿轮几何轴线转动的齿轮,它们即为行星轮;找到行星轮后,支承行星轮的构件即为系杆;而几何轴线与系杆转轴重合且直接与行星轮啮合的定轴齿轮必然是中心轮。这一由行星轮、系杆、中心轮所组成的轮系,就是一个基本的周转轮系。重复上述过程,直至将所有周转轮系一一找出为止。划分出各个周转轮系后,剩余的那些由定轴齿轮所组成的部分就是定轴轮系。

② 分别列出计算各基本轮系传动比的关系式。在对轮系进行上述分析的基础上,对所划分出来的每一个基本轮系,包括定轴轮系部分和周转轮系部分,都要分别列出其传动比的关系式,并认真核对,以保证准确无误。这里需要特别注意的是,对于含有多个系杆的复杂混合轮系,由于每个系杆所在周转轮系的转化机构各不相同,因而在写出的 i^H 关系式中必须加以区别,如 i^{H1},i^{H2},…切忌用同一个 i^H 来表示,以避免引起混乱。

③ 找出各个基本轮系之间的联系。列出各个基本轮系传动比的关系式后,应保留式中的已知量和待求量,而将其他不需要的量设法消去。由于各个基本轮系是通过一定的联系组成混合轮系的,所以总可以找出其他各量与已知量或待求量之间的关系,从而予以代换。

④ 将各个基本轮系传动比关系式联立求解,即可得到混合轮系的传动比。这里需要说明的是,在求解过程中,各轮齿数的数值,可以随时代入,也可以最后代入。代入数值后,可以化为整数或者进行约分,但**在计算过程中不宜化为带有小数的数值,尤其不可取近似值,否则有可能使最后结果产生较大的误差,甚至得不出正确的结果**。当然,在求出最后结果后,既可以保留分数形式,也可以化为近似小数。

(3) 计算混合轮系传动比时的注意事项

混合轮系传动比的计算,从理论上来讲,并未涉及其他新的知识点。只要熟练地掌握了定轴轮系和周转轮系传动比计算的方法及注意事项,按理说计算混合轮系的传动比不应成为学习中的一个难点。初学者在学习这部分内容时之所以遇到困难和出现错误,主要是未能正确处理下列问题:

① **正确地划分出各个基本轮系,是进行混合轮系传动比计算的前提,也是解题成败的关键所在**。否则,一步错误将导致步步错误。初学者往往习惯于先找定轴轮系,再找周转轮系,但按照这种思路来划分各基本轮系,除了能够应付由定轴轮系和周转轮系串联而组成的简单混合轮系外,对较复杂的混合轮系则往往容易出错。因此,初学者一定要严格按照上述划分各基本轮系的正确方法,先找出各个基本的周转轮系,然后再找定轴轮系,以保证解题的正确。

② **系杆是支承行星轮的构件,其形状不一定是杆状构件,其构件标号也不一定是"H"**。例如,在教程中例 5.4 所示的轮系中,齿轮 5 是支承行星轮的构件,它带动双联行星轮 2-2′ 绕中心轮 1 的轴线作公转,因此齿轮 5 就是系杆。初学者往往根据构件的形状或标号来寻找系杆,从而造成在复杂情况下无从下手解题的困惑,其原因就在于只注意形式而未重视实质。这一点应给予特别重视。

③ 重视各基本轮系传动比计算中的正、负号。混合轮系传动比计算过程中涉及各基本轮系的传动比计算,各基本轮系传动比计算的结果将直接影响到最后的计算结果。初学者往往重视具体的数值而忽视其正、负号,从而导致最后计算结果的错误,这一点应引起足够的重视。

2. 轮系的设计

使用机构的主要目的之一,是将运动由一个位置传递至另一个位置,通常在此过程中要变换运动。在工程实际的许多情况下,要求把一个轴的转动变换为另一个轴的转动。如果这些轴是平行的,且要求它们的转角之间是非线性关系,则可考虑采用函数发生器平面连杆机构,或具有摆动从动件的凸轮机构(特别是输出轴不要求做 360°整周转动的情况);如果要求输入轴和输出轴之间具有恒定的角速比关系,则可考虑采用轮系。

轮系的设计是本章的重点内容之一,主要包括:根据工作所提出的功能要求和使用场合,选择轮系的类型及确定各轮的齿数。

1) 轮系类型的选择

轮系类型选择的主要出发点是工作所提出的功能要求和使用场合。当设计的轮系主要用于传递运动时,首先要考虑所选择的轮系能否满足工作所要求的传动比,其次兼顾效率、结构复杂程度、外廓尺寸和重量等;当设计的轮系主要用于传递动力时,首先要考虑所选择的轮系能否满足效率要求,其次兼顾传动比、结构复杂程度、外廓尺寸和重量等。教程中详细地介绍了各类轮系的特点和功能,读者应该在熟悉这些内容的基础上,通过设计实例逐步学会选择轮系的类型。在某些情况下,根据工作所提出的功能要求来选择轮系的类型并不困难,因为某一功能是某种轮系所特有的。例如,为了实现分路传动或较远距离的传动,通常选用定轴轮系较为适宜;为了将两个运动合成为一个运动,则应选择差动轮系,因为只有差动轮系才具有这一功能。但在另外一些情况下,轮系类型的选择不仅要考虑工作所提出的功能要求,还必须考虑使用场合等因素,因为实现某一功能要求,既可以选择这种轮系,也可以选择其他轮系。究竟采用哪种轮系,则应根据使用场合等因素进行比较,作出选择。例如,为了实现变速传动或换向传动,既可选择定轴轮系,也可选择混合轮系。若采用定轴轮系,则需要通过人工介入来改变轮齿的啮合状态;而采用混合轮系,则可实现所谓的自动变速或换向。如果设计的轮系是用于机床的变速系统,则选择定轴轮系较为适宜;如果是用于汽车变速系统,显然选择后者更为合适。

2) 各轮齿数的确定

一旦根据功能要求和使用场合选定了轮系类型,接下来的工作就是确定各轮的齿数。教程中介绍了定轴轮系中确定各轮齿数的原则和周转轮系中确定各轮齿数需满足的 4 个条件,要求读者熟练掌握。

为了确定定轴轮系中各轮的齿数,关键在于合理地分配轮系中各对齿轮的传动比。教程中介绍了传动比分配的注意事项,读者应结合具体的设计实例,掌握这些内容。一旦根据具体条件合理地分配了各对齿轮的传动比,各轮齿数的确定问题就迎刃而解了。

与定轴轮系相比,周转轮系中各轮齿数的确定要复杂一些,它不仅要满足传动比条件,还需满足同心条件、装配条件和邻接条件。教程中以常见的单排 2K-H 负号机构行星轮系为例,详细地推导了上述 4 个条件的关系式,要求读者了解其推导思路,并熟练地运用这 4 个条件确定各轮的齿数。

5.3 典型例题分析

例 5.1 某传动装置如图 5.3 所示。已知：$z_1 = 60, z_2 = 48, z_{2'} = 80, z_3 = 120, z_{3'} = 60, z_4 = 40$，蜗杆 $z_{4'} = 2$（右旋），蜗轮 $z_5 = 80$，齿轮 $z_{5'} = 65$，模数 $m = 5\text{mm}$。主动轮 1 的转速为 $n_1 = 240\text{r/min}$，转向如图所示。试求齿条 6 的移动速度 v_6 的大小和方向。

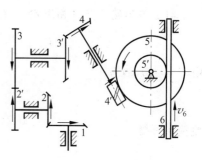

图 5.3 例 5.1 图

解 这是一个由圆柱齿轮、圆锥齿轮、蜗杆蜗轮、齿轮齿条所组成的复杂轮系。首先来判断轮系的类型。由图中可以看出，在该轮系的运动过程中，所有齿轮的几何轴线的位置均固定不变，因此，这是一个定轴轮系。

为了求出齿条 6 的移动速度 v_6 的大小，需要首先求出齿轮 $5'$ 的转动角速度 $\omega_{5'}$。为此，先来计算传动比 i_{15} 的大小：

$$i_{15} = \frac{n_1}{n_5} = \frac{z_2 z_3 z_4 z_5}{z_1 z_{2'} z_{3'} z_{4'}} = \frac{48 \times 120 \times 40 \times 80}{60 \times 80 \times 60 \times 2} = 32$$

注意 在进行轮系传动比计算时，传动比的数值前面的"＋"、"－"号，只适用于首末两轮的轴线互相平行的情况。如果首末两轮的轴线不平行，则不应加任何"＋"号或"－"号，只宜用绝对值来表示。本例中，齿轮 1 和齿轮 5 的几何轴线不平行，故计算结果中不应加"＋"、"－"号。

$$n_{5'} = n_5 = \frac{n_1}{32} = \frac{240}{32} = 7.5(\text{r/min})$$

$$\omega_{5'} = \frac{2\pi n_{5'}}{60} = \frac{2\pi \times 7.5}{60} = 0.785(\text{rad/s})$$

齿条 6 的移动速度等于齿轮 $5'$ 的分度圆线速度，即

$$v_6 = r_{5'}\omega_{5'} = \frac{1}{2}mz_{5'}\omega_{5'} = \frac{1}{2} \times 5 \times 65 \times 0.785 = 127.6(\text{mm/s})$$

下面讨论齿条 6 的运动方向。由于该轮系中含有锥齿轮、蜗杆蜗轮等空间齿轮机构，各轮轴线不都互相平行，所以各轮转向必须用画箭头的方法来判断。判断结果如图中所示，可知齿条 6 的运动方向向上。

在轮系中，常会遇到蜗杆蜗轮传动，初学者往往对于它们转向的判别产生错误。建议读者结合教材认真练习，特别要注意蜗杆是右旋还是左旋。

例 5.2 在图 5.4 所示轮系中，已知各轮齿数分别为 $z_1 = z_{1'} = 40, z_2 = z_4 = 30, z_3 = z_5 = 100$，试求传动比 i_{1H}。

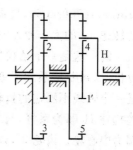

图 5.4 例 5.2 图

解 这是一个较复杂的轮系，首先进行轮系分析，以判断轮系的类型。从图中可以看出，齿轮 4 是一个行星轮，支承它的构件 H 即为系杆，与它相啮合的定轴齿轮 $1'$ 和 5 即为中心轮。齿轮 $1', 4, 5$ 和系杆 H 组成了一个基本的周转轮系（差动轮系）。划分出这个基本的周转轮系后，我们再来分析轮系中的剩余部分。由图可知，齿轮 2 是一个轴线不固定的齿轮，也是一个行星轮，支承它的

构件齿轮5充当系杆,与它相啮合的定轴齿轮1和3为中心轮。齿轮1,2,3和齿轮5(充当系杆)组成了一个基本的周转轮系(行星轮系)。整个轮系是一个由行星轮系把差动轮系中的中心轮1'和5封闭起来的封闭差动轮系。

分析清楚了轮系的组成和类型,即可进行轮系的传动比计算。

对于由齿轮1,2,3和齿轮5(系杆)所组成的周转轮系(行星轮系),有

$$i_{13}^5 = \frac{n_1 - n_5}{n_3 - n_5} = -\frac{z_3}{z_1} = -\frac{100}{40} = -2.5$$

由于 $n_3 = 0$,故有

$$\frac{n_1 - n_5}{0 - n_5} = -2.5$$

化简后可得

$$n_5 = \frac{n_1}{3.5} \tag{a}$$

对于由齿轮1',4,5和系杆 H 所组成的周转轮系(差动轮系),有

$$i_{1'5}^H = \frac{n_{1'} - n_H}{n_5 - n_H} = -\frac{z_5}{z_{1'}} = -\frac{100}{40} = -2.5$$

即

$$\frac{n_{1'} - n_H}{n_5 - n_H} = -2.5 \tag{b}$$

分析两个基本轮系的联系,可知

$$n_1 = n_{1'} \tag{c}$$

将(a),(c)两式代入式(b),可得

$$\frac{n_1 - n_H}{\dfrac{n_1}{3.5} - n_H} = -2.5$$

化简整理后可得

$$i_{1H} = \frac{n_1}{n_H} = +\frac{49}{24}$$

计算结果 i_{1H} 为正,表明从动系杆 H 和主动齿轮1的转向相同。

注意　在该例中,齿轮5充当左半部分周转轮系的系杆。这说明,系杆不一定是杆状构件,关键在于它起着支承行星轮的作用。这也是我们选择该题作为典型例题的原因之一。

例5.3　在图5.5所示的轮系中,已知各轮齿数分别为 $z_1 = 90, z_2 = 60, z_{2'} = 30, z_3 = 30, z_{3'} = 24, z_4 = 18, z_5 = 60, z_{5'} = 36, z_6 = 32$。运动从 A, B 两轴输入,由构件 H 输出。已知 $n_A = 100$ r/min, $n_B = 900$ r/min,转向如图所示。试求输出轴 H 的转速 n_H 的大小和方向。

解　这是一个比较复杂的轮系。首先进行轮系分析,以判断轮系的类型。从图中可以看出:齿轮4是一个轴线不固定的齿轮,它是一个行星轮,支承它的构件 H 即为系杆,与之相啮合的定轴齿轮3'和5

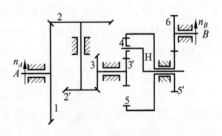

图5.5　例5.3图

即为中心轮。齿轮3',4,5和系杆 H 组成了一个基本的周转轮系(差动轮系)。划分出这一周转轮系后,轮系中剩余的部分都是定轴齿轮,齿轮1,2,2',3组成一个定轴轮系,齿轮5',6

组成另一个定轴轮系。

分析清楚了轮系的组成并确定了轮系的类型后，即可着手解题。

对于由齿轮 $3',4,5$ 和系杆 H 所组成的周转轮系（差动轮系），有

$$i_{3'5}^{H} = \frac{n_{3'} - n_{H}}{n_5 - n_{H}} = -\frac{z_5}{z_{3'}} = -\frac{60}{24} = -\frac{5}{2}$$

即

$$\frac{n_{3'} - n_{H}}{n_5 - n_{H}} = -\frac{5}{2} \qquad\qquad (a)$$

对于由齿轮 $1,2,2',3$ 所组成的定轴轮系，有

$$i_{13} = \frac{n_1}{n_3} = +\frac{z_2 z_3}{z_1 z_{2'}} = +\frac{60 \times 30}{90 \times 30} = +\frac{2}{3}$$

即

$$n_3 = +\frac{3}{2} n_1 = +\frac{3}{2} n_A = +150 (\text{r/min}) \qquad\qquad (b)$$

注意　这部分是一个由锥齿轮所组成的定轴轮系，各轮之间的转向关系不能用 $(-1)^m$ 来判断，只能用标箭头的方法在图上标出，然后判断首末两轮 1,3 的转向关系。由图 5.5 可知，1,3 转向相同，故在 i_{13} 的计算结果中加上"+"号。

对于由齿轮 $5'$ 和 6 组成的定轴轮系，有

$$i_{5'6} = \frac{n_{5'}}{n_6} = -\frac{z_6}{z_{5'}} = -\frac{32}{36} = -\frac{8}{9}$$

即

$$n_{5'} = -\frac{8}{9} n_6 = -\frac{8}{9} n_B = -800 \text{r/min} \qquad\qquad (c)$$

分析上述 3 个基本轮系之间的联系，有

$$n_{3'} = n_3 = +150 \text{r/min}$$
$$n_5 = n_{5'} = -800 \text{r/min}$$

将该结果代入式（a），可得

$$\frac{150 - n_{H}}{-800 - n_{H}} = -\frac{5}{2}$$

化简整理后得

$$n_{H} \approx -528.57 \text{r/min}$$

计算结果为负，说明 n_H 转向与 n_5 相同，亦即与 n_A, n_B 转向相反。

注意　在该例中，齿轮 $3',4,5$ 和系杆 H 所组成的周转轮系是一个差动轮系，它有两个输入运动，即 $n_{3'}$ 和 n_5。由于这两个输入运动的转向相反，所以在将数值代入式（a）求解 n_H 时，一个代正值，另一个代负值，n_H 的转向则根据计算结果的正、负号来确定。$n_{3'}$ 代正值，n_5 代负值，计算结果 n_H 为负，说明 n_H 与 n_5 转向相同。这一点希望初学者特别注意。

例 5.4　在图 5.6 所示轮系中，已知各轮齿数分别为 $z_1 = 24$, $z_{1'} = 30$, $z_2 = 95$, $z_3 = 89$, $z_{3'} = 102$, $z_4 = 80$, $z_{4'} = 40$, $z_5 = 17$。试求传动比 i_{15}。

解　首先对轮系进行分析，以确定轮系的类型。在该轮系中，双联齿轮 4-$4'$ 是行星轮，支承它的构件 H 为系

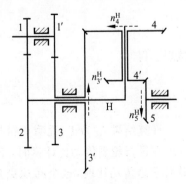

图 5.6　例 5.4 图

杆,与之相啮合的定轴齿轮 $3'$ 和 5 为中心轮,它们组成了一个基本的周转轮系(差动轮系)。剩余的定轴齿轮 1-1',2,3 组成一个定轴轮系。该定轴轮系把差动轮系中的中心轮 $3'$ 和系杆 H 封闭起来,使整个轮系成为一个封闭式差动轮系。

对于由齿轮 $3'$,4-4',5 和系杆 H 所组成的周转轮系,有

$$i_{3'5}^{H} = \frac{n_{3'} - n_H}{n_5 - n_H} = -\frac{z_4 z_5}{z_{3'} z_{4'}} = -\frac{80 \times 17}{102 \times 40} = -\frac{1}{3}$$

即

$$\frac{n_{3'} - n_H}{n_5 - n_H} = -\frac{1}{3} \tag{a}$$

注意 这部分是一个由锥齿轮所组成的周转轮系,其转化机构的传动比 $i_{3'5}^{H}$ 的大小按定轴轮系传动比计算,正、负号则需要用在图上标箭头的方法来确定。如图,由于 n_3^H 与 n_5^H 转向相反,故在上述计算结果中加上负号。该负号只表明在转化机构中齿轮 $3'$ 和 5 转向相反,并不表明它们的真实运动方向也一定相反。

对于由齿轮 1-1',2,3 所组成的定轴轮系,有

$$i_{12} = \frac{n_1}{n_2} = -\frac{z_2}{z_1} = -\frac{95}{24}$$

即

$$n_2 = -\frac{24}{95} n_1 \tag{b}$$

$$i_{13} = \frac{n_1}{n_3} = -\frac{z_3}{z_{1'}} = -\frac{89}{30}$$

即

$$n_3 = -\frac{30}{89} n_1 \tag{c}$$

分析定轴轮系部分与周转轮系部分的联系,可知

$$n_H = n_2$$
$$n_{3'} = n_3$$

故有

$$n_H = n_2 = -\frac{24}{95} n_1 \tag{d}$$

$$n_{3'} = n_3 = -\frac{30}{89} n_1 \tag{e}$$

将(d),(e)两式代入式(a),得

$$\frac{\left(-\frac{30}{89}\right) n_1 - \left(-\frac{24}{95}\right) n_1}{n_5 - \left(-\frac{24}{95}\right) n_1} = -\frac{1}{3}$$

整理后得

$$i_{15} = \frac{n_1}{n_5} = \frac{1}{\left(\frac{90}{89} - \frac{96}{95}\right)} = \frac{8455}{6} \approx 1409.167$$

计算结果 i_{15} 为正,说明 1 轮与 5 轮转向相同。

在进行轮系传动比计算时,不宜把分数化为带有小数尾数的数值;尤其是当分步计算而最后求总传动比时,这个问题更为突出,因为如果各个分步的数值均略去小数尾数的一部分,则会使最后结果出现很大误差,有时甚至是极大的误差。因此,我们建议,各个分步的结

果保持分数的形式,可以把分数加以约分,但不要化为近似小数。只有在计算最后结果时,如果小数尾数过长,才可略去其中一部分,如本例所示。

　　例 5.5　某技术人员设计的传动装置如图 5.7 所示。其中,1 为单头右旋蜗杆,2 为蜗轮,其齿数 $z_2 = 100$,其余各轮的齿数分别为 $z_{2'} = z_4, z_6 = z_8, z_{4'} = 80, z_5 = 20$。运动由蜗杆 1 和齿轮 5 输入,由齿轮 6 输出,若 $n_1 = n_5 = 1000 \text{r/min}$,转向如图所示,则由齿轮 6 输出的运动 n_6 正好满足工作要求。今希望运动仅从蜗杆 1 输入,而要求输出运动 n_6 的大小和方向均不变,试在原设计的基础上进行改进设计。

　　解　这是一个轮系方案设计问题。为了在原设计的基础上作改进设计,以满足工作对输出运动的要求,首先需要对原设计进行分析。

　　由图 5.7 可以看出,原设计是一个较复杂的混合轮系,它由以下四个基本轮系所组成:由锥齿轮 $2', 3, 4$ 和系杆 H 所组成的周转轮系(差动轮系);由锥齿轮 $6, 7, 8$ 和系杆 H 所组成的周转轮系(行星轮系);由蜗杆 1 和蜗轮 2 所组成的定轴轮系;由圆柱齿轮 $5, 4'$ 所组成的定轴轮系。设计者的设计思想是:运动同时由蜗杆 1 和齿轮 5 输入,分别经过蜗轮 2 和齿轮 $4'$ 传给齿轮 $2'$ 和 4,在由 $2', 3, 4$ 和系杆 H 所组成的差动轮系中,由于齿轮 $2'$ 和 4 的运动已知,即可得到系杆 H 的输出运动 n_H,将这一运动作为由齿轮 $6, 7, 8$ 和系杆 H 所组成的行星轮系的输入,即可得到齿轮 6 的输出运动 n_6。

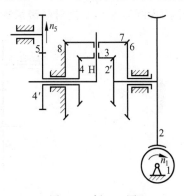

图 5.7　例 5.5 图

　　根据单头右旋蜗杆 1 的转速 $n_1 = 1000 \text{r/min}$,可求出 $n_{2'} = n_2$ 的大小和方向:

$$n_{2'} = n_2 = n_1 \times \frac{z_1}{z_2} = 1000 \times \frac{1}{100} = 10 (\text{r/min})$$

取其值为正,即

$$n_{2'} = n_2 = +10 \text{r/min} \qquad (\text{a})$$

　　根据齿轮 5 的转速 $n_5 = +1000 \text{r/min}$,可求出 $n_4 = n_{4'}$ 的大小和方向:

$$n_4 = n_{4'} = -\frac{z_5}{z_{4'}} \times n_5 = -1000 \times \frac{20}{80} = -250 (\text{r/min}) \qquad (\text{b})$$

　　对于由锥齿轮 $2', 3, 4$ 和 H 所组成的周转轮系,有

$$i_{2'4}^{H} = \frac{n_{2'} - n_H}{n_4 - n_H} = -\frac{z_4}{z_{2'}} = -1 \qquad (\text{c})$$

将(a),(b)两式代入式(c),可得

$$n_H = -120 \text{r/min}$$

结果为负,表明 n_H 转向与齿轮 2,5 的转向相反。

　　对于由锥齿轮 $6, 7, 8$ 和系杆 H 所组成的周转轮系,有

$$i_{68}^{H} = \frac{n_6 - n_H}{n_8 - n_H} = -\frac{z_8}{z_6} = -1 \qquad (\text{d})$$

　　将上述所得 n_H 值代入式(d),可得

$$n_6 = 2n_H = 2 \times (-120) = -240 (\text{r/min})$$

结果为负,表明该传动装置的输出运动 n_6 与齿轮 2,5 转向相反。

通过对原设计的分析可知,原方案中共有 8 个活动构件、8 个低副、6 个高副,其自由度为

$$F = 3n - 2p_5 - p_4 = 3 \times 8 - 2 \times 8 - 6 = 2$$

亦即它需要有两个原动件输入运动,整个轮系才具有确定的运动。这里指的是由蜗杆 1 输入 n_1,由齿轮 5 输入 n_5,从而得到齿轮 6 的输出运动 n_6。

现在要求只以蜗杆 1 为原动件,而齿轮 6 的输出不变,关键在于通过增加一套轮系将原设计方案的自由度变为 1,且新增轮系的齿数配置应能保证原设计中各轮的运动保持不变。

这一改进设计可有多种方案。最容易想到的方案是利用一套轮系把蜗杆 1 和齿轮 5 联系起来,使齿轮 5 仍能具有原来的转速。由于蜗杆 1 和齿轮 5 的轴线相垂直,因此把它们联系起来的轮系必须具有 90°交角传递转动的能力。这可以采用一对圆锥齿轮来实现,图 5.8 中用虚线表示出了这对圆锥齿轮 $1'$ 和 9。

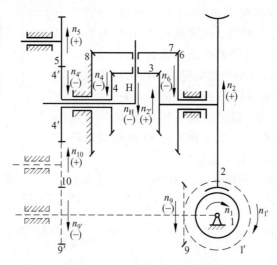

图 5.8　改进设计方案一

由锥齿轮 $1'$ 开始向齿轮 5 传动时,主要考虑的是使 n_1 和 n_5 保持原有的大小和转向,这样,自然就可使齿轮 6 的转速大小和方向保持不变。最简便的方法是使圆锥齿轮 $z_{1'} = z_9$,并使随后的齿轮保持传动比为 1,亦即使 $z_{9'} = z_5$,齿轮 $9'$ 和 5 之间,则全用惰轮来传递运动。如果圆锥齿轮 9 相对于圆锥齿轮 $1'$ 的布局使得 n_9 为负值(其转向如图所示),则由于齿轮 5 的转速 n_5 应为正值,因此齿轮 5 和 $9'$ 之间需要外啮合的对数为单数(即 1 对、3 对等)。但由于齿轮 5 和 $4'$ 之间已经存在了一对外啮合,因此尚需添加两对外啮合,亦即增加了惰轮 10,整个改进设计方案如图 5.8 所示,它满足了题目所提出的要求。这一改进方案的设计思想本质上是用一套定轴轮系将差动轮系中的齿轮 $2'$ 和齿轮 4 联系起来。详细计算从略。

另一种可行的改进设计的指导思想是用一套定轴轮系将差动轮系中的齿轮 4 和系杆 H 联系起来,并在齿数配置上保证 $n_4 = -250$ r/min,$n_H = -120$ r/min。改进设计方案如图 5.9 所示,其中 $z_9 = 100$,$z_{9'} = 66$,$z_{10} = 110$。为保证两对齿轮的中心距一致,$z_{4'}$ 和 z_9 采用零传动,$z_{9'}$ 和 z_{10} 采用正传动。详细计算从略。

本题还可有其他方案,留给读者自行设计。

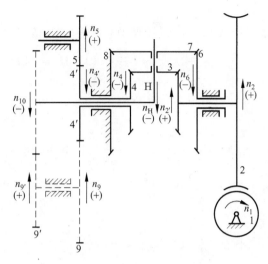

图 5.9　改进设计方案二

例 5.6　某搅拌机拟采用一套行星轮系作为其传动装置,已知输入转速 $n_入 = 2200 \text{r/min}$,工作要求的输出转速 $n_出 = 300 \text{r/min}$,试选择轮系类型并确定各轮的齿数和行星轮个数。

解　这是一个行星轮系的设计问题。首先需根据工作要求和使用场合选择轮系的类型。由于该轮系用于搅拌机中,因此传递动力是其主要功用之一,这就要求所选轮系应具有较高的效率。由教程所述可知,在各种行星轮系中,负号机构具有较高的效率,因此应选用负号机构。

常用的负号机构有几种不同的型式,究竟选用哪种型式,还需要考虑传动比范围,其次兼顾结构的复杂程度和外廓尺寸等。由于该装置要求的传动比为 $i_{入、出} = \dfrac{n_入}{n_出} = \dfrac{2200}{300} = \dfrac{22}{3} \approx$

7.33,因此,综合考虑传动比范围、结构复杂程度和外廓尺寸,选择单排 2K-H 负号机构行星轮系最为适宜。最后确定的轮系类型如图 5.10 所示。其中,中心轮 1 为输入轴,系杆 H 为输出轴。

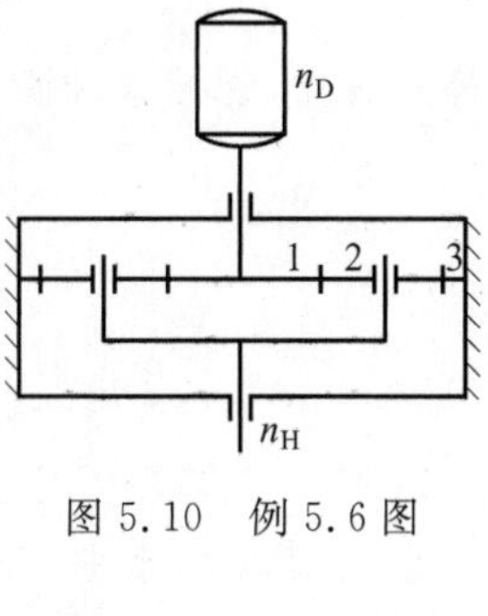

选定了轮系的类型,接下来的工作是确定各轮的齿数和行星轮个数。

为了提高承载能力和解决动载荷问题,初选 4 个均匀分布的行星轮,即 $k = 4$。首先利用装配条件关系式 $z_1 = \dfrac{kN}{i_{1H}}$ 求中心外齿轮的齿数 z_1 值:

$$z_1 = \frac{kN}{i_{1H}} = \frac{4N}{22/3} = \frac{12N}{22}$$

图 5.10　例 5.6 图

式中,N 为任意正整数,N 取不同的值,就可得到一系列满足装配条件的 z_1 值,见下列表格:

N	22	33	44	55	66	⋯
z_1	12	18	24	30	36	⋯

若采用标准齿轮传动,为避免根切并考虑使结构更为紧凑,从表中选取 $z_1 = 18$ 作为初

选方案。

由传动比条件关系式 $z_3 = (i_{1H}-1)z_1$ 计算中心内齿轮 z_3 值:

$$z_3 = (i_{1H}-1)z_1 = \left(\frac{22}{3}-1\right) \times 18 = 114$$

由同心条件关系式 $z_2 = \dfrac{i_{1H}-2}{2}z_1$ 计算行星轮齿数 z_2 值:

$$z_2 = \frac{i_{1H}-2}{2} \times z_1 = \frac{\dfrac{22}{3}-2}{2} \times 18 = 48$$

最后,用邻接条件关系式 $(z_1+z_2)\sin\dfrac{180}{k} > z_2 + 2h_a^*$ 校核相邻两行星轮齿顶是否会发生碰撞:

$$不等式左边 = (z_1+z_2)\sin\frac{180°}{k} = 46.7$$

$$不等式右边 = z_2 + 2h_a^* = 50$$

不等式不成立,邻接条件不满足,均匀分布的相邻两行星轮齿顶将发生碰撞,故该方案不能采用。

减少行星轮数目,取 $k=3$。代入装配条件关系式:

$$z_1 = \frac{kN}{i_{1H}} = \frac{3N}{22/3} = \frac{9N}{22}$$

可得下列表格:

N	22	44	66	88	110	⋯
z_1	9	18	27	36	45	⋯

如仍取 $z_1 = 18$,由于传动比 i_{1H} 未改变,故 z_3 仍为 114,z_2 仍为 48。再校核邻接条件:

$$不等式左边 = (z_1+z_2)\sin\frac{180°}{k} = 57.2$$

$$不等式右边 = z_2 + 2h_a^* = 50$$

不等式成立,邻接条件满足,故最后确定的设计方案为

$$k=3, \quad z_1=18, \quad z_2=48, \quad z_3=114$$

5.4 复习思考题

1. 什么是惰轮? 它在轮系中起什么作用?

2. 在定轴轮系中,如何来确定首、末两轮转向间的关系?

3. 什么叫周转轮系的"转化机构"? 它在计算周转轮系传动比中起什么作用?

4. 在差动轮系中,若已知两个基本构件的转向,如何确定第三个基本构件的转向?

5. 周转轮系中两轮传动比的正负号与该周转轮系转化机构中两轮传动比的正负号相同吗? 为什么?

6. 计算混合轮系传动比的基本思路是什么? 能否通过给整个轮系加上一个公共的角速度($-\omega_H$)的方法来计算整个轮系的传动比? 为什么?

7. 如何从复杂的混合轮系中划分出各个基本轮系？

8. 定轴轮系有哪些功能？在设计定轴轮系时，应考虑哪几方面的问题？

9. 什么样的轮系可以进行运动的合成和分解？

10. 周转轮系有哪些功能？在设计周转轮系时，应考虑哪几方面的问题？

11. 周转轮系中各轮齿数的确定需要满足哪些条件？

5.5　自　测　题

5-1　图 5.11 所示的轮系中，已知蜗杆 1 为双头左旋蜗杆，其转向如图所示，蜗轮 2 的齿数为 $z_2=50$；蜗杆 $2'$ 为单头右旋蜗杆，蜗轮 3 的齿数为 $z_3=40$；其余各轮齿数分别为 $z_{3'}=30$，$z_4=20$，$z_{4'}=26$，$z_5=18$，$z_{5'}=28$，$z_6=16$，$z_7=18$，试求传动比 i_{17}。

5-2　图 5.12 所示轮系中，已知蜗杆 1 为单头左旋蜗杆，蜗轮 2 的齿数 $z_2=50$；蜗杆 $2'$ 为双头左旋蜗杆，蜗轮 3 的齿数 $z_3=60$；其余各轮齿数分别为 $z_{3'}=z_{4'}=40$，$z_4=z_5=30$。试求该轮系的传动比 i_{1H}，并说明轴 1 与轴 H 转向是否相同。

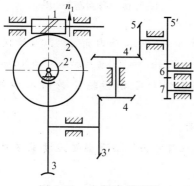

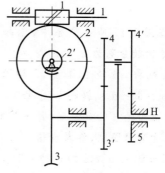

图 5.11　自测题 5-1 图　　　　　　　　　　图 5.12　自测题 5-2 图

5-3　图 5.13 所示轮系中，已知各轮齿数分别为 $z_1=z_2=24$，$z_3=72$，$z_4=89$，$z_5=95$，$z_6=24$，$z_7=30$，试求 A 轴与 B 轴之间的传动比 i_{AB}。

5-4　图 5.14 所示轮系中，已知各轮齿数分别为 $z_{1'}=34$，$z_2=40$，$z_{2'}=30$，$z_3=18$，$z_{3'}=38$，$z_1=24$，$z_4=36$，$z_{4'}=22$。试求该轮系的传动比 i_{AH}，并说明轴 A 与轴 H 的转向是否相同。

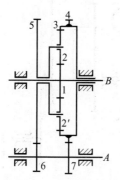

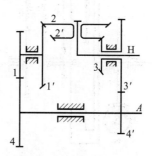

图 5.13　自测题 5-3 图　　　　　　　　图 5.14　自测题 5-4 图

5-5　某技术人员欲设计一个如图5.15所示的机床变速箱,其设计思路为:运动从 A 轴输入(转速为 450r/min),通过滑移装在 A 轴和 C 轴上的齿轮,使 C 轴输出 9 种不同转速(范围从 130～580r/min)。试确定各轮齿数,并计算输出轴的相应转速。

5-6　某技术人员欲设计一如图5.16所示的搅拌机的传动系统,已知电动机的转速为 $n_D = 1000$r/min,工作要求输出转速 $n_H = 250$r/min,试设计该装置,确定各轮齿数及行星轮个数。

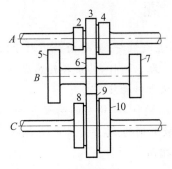

图 5.15　自测题 5-5 图

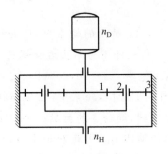

图 5.16　自测题 5-6 图

5-7　在图5.17所示轮系中,已知各齿轮模数 $m = 2$mm,压力角 $\alpha = 20°$,齿顶高系数 $h_a^* = 1$;各轮齿数分别为 $z_2 = 40, z_3 = 84, z_4 = 28, z_{4'} = 32, z_{5'} = 30, z_6 = 50, z_{6'} = 30, z_7 = 48$,1 为单头右旋蜗杆,齿轮 3,4,4′,5 均为标准直齿轮;蜗杆 1 和齿轮 7 为输入构件, $\omega_1 = 800$rad/s, $\omega_7 = 60$rad/s,转向如图所示。

(1) 试求齿轮 3 的角速度,并在图中标出其转向。

(2) 由于使用限制,要求齿轮 5′,7 轴线的几何位置重合。为了满足此要求可以采用什么方案?列出你认为较好的 3 种方案。

(3) 选取你认为最佳的一种方案,计算齿轮 5′,7 的齿顶圆直径。

注:① 计算时小数点后保留 3 位;

②若采用变位传动,可以取 $x_6 = 0, x_7 = 0$。

5-8　某装置如图5.18所示。其中 1 为单头右旋蜗杆,2 为蜗轮, $z_2 = 50$;其余各齿轮为标准齿轮,齿数为 $z_{2'} = z_{3'} = 40, z_3 = z_4 = 30, z_{4'} = 50, z_5 = 25; m = 2$mm, $\alpha = 20°$。运动由蜗

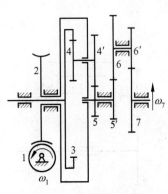

图 5.17　自测题 5-7 图

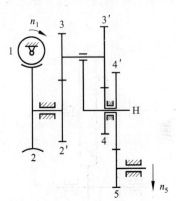

图 5.18　自测题 5-8 图

杆 1 和齿轮 5 输入，从构件 H 输出，已知 $n_1 = 1000 \text{r/min}$，方向如图所示，$n_5 = 1000 \text{ r/min}$，方向如图所示。

（1）试求输出运动 n_H 的大小和转向。

（2）若希望运动仅从蜗杆 1 输入 $n_1 = 1000 \text{r/min}$，而要求输出运动 n_H 的大小和方向均不变，试在原设计的基础上进行改进设计，画出改进设计图，给出有关参数。

间歇运动机构

6.1　基本要求

（1）掌握棘轮机构、槽轮机构的工作原理、特点、功能和适用场合。
（2）了解凸轮式间歇运动机构、不完全齿轮机构的工作原理、特点、功能及适用场合。
（3）了解间歇运动机构设计的基本要求。

6.2　重点、难点提示与辅导

本章的重点是掌握各种常用间歇运动机构的工作原理、运动特点和功能，并了解其适用的场合，以便在进行机械系统方案设计时，能够根据工作要求正确地选择执行机构的型式。

1. 棘轮机构

将主动件的往复摆动转换为棘轮的单向间歇转动。它可以实现间歇送进、制动、转位、分度和超越离合等工作要求，且结构简单。齿式棘轮机构运动可靠、转角准确；但动程只能有级调节，且噪声、冲击和磨损都较大。摩擦式棘轮机构传动平稳、无噪声、可实现动程的无级调节；但其运动准确性较差。棘轮机构通常只适用于低速轻载的场合。

2. 槽轮机构

将主动销轮的连续转动转化为槽轮的单向间歇转动。平面槽轮机构可以传递平行轴运动，而空间槽轮机构可传递相交轴运动。内槽轮机构与外槽轮机构相比，具有传动较平稳、停歇时间短、所占空间小等优点。槽轮机构结构简单，能准确控制转角，机械效率高。但其动程不可调节，槽轮在启动和停止时有冲击。因此，槽轮机构适用于中速的场合。

3. 凸轮式间歇运动机构

将主动凸轮的连续转动转化为从动转盘的间歇转动。这类机构最突出的优点是通过合理地设计凸轮廓线，可以减小其动载荷和避免冲击。因此，它适用于高速运转的场合。凸轮式间歇运动机构结构紧凑、转位准确，但对凸轮加工精度要求较高，加工较复杂，安装调整比较困难。

4. 不完全齿轮机构

将主动轮的连续转动转化为从动轮的间歇运动。其中，主动轮上只有一个或几个轮齿。

不完全齿轮机构很容易实现一个周期内多次动、停时间不等的间歇运动；但其加工复杂，在进入和退出啮合时有冲击。如果安装瞬心线附加板，可减小冲击，改善其动力特性。不完全齿轮机构常用于多工位、多工序的自动机械或生产线中。

6.3　复习思考题

1. 棘轮机构有几种类型？它们分别有什么特点？适用于什么场合？
2. 棘轮机构动程和动停比的调节方法有哪几种？
3. 内槽轮机构与外槽轮机构相比有何优点？
4. 何谓槽轮机构的运动系数？运动系数 τ 为什么大于零而小于1？
5. 与棘轮机构、槽轮机构相比，凸轮式间歇运动机构的最大优点是什么？
6. 不完全齿轮机构与普通齿轮机构的啮合过程有何异同点？
7. 不完全齿轮机构中，瞬心线附加板的作用是什么？
8. 间歇运动机构设计中的基本要求是什么？

6.4　自　测　题

6-1　当主动件做等速连续转动，需要从动件做单向间歇转动时，可采用_____、_____、_____机构。

6-2　在间歇运动机构中，当需要从动件的动程可无级调节时，可采用_____、_____、_____机构。

6-3　棘轮机构中止回棘爪的作用是_____。

6-4　在高速、高精度机械中，通常采用_____机构来实现间歇运动。

6-5　在工程实际中，常选用_____机构、_____机构来实现空间间歇转动。

其他常用机构

7.1 基本要求

了解螺旋机构、摩擦传动机构、挠性传动机构、可展机构、并联机构、柔顺机构、基于智能材料驱动的机构及利用其他物理效应的机构的工作原理、运动特点和适用场合。

7.2 重点、难点提示与辅导

本章简要介绍螺旋机构、摩擦传动机构、挠性传动机构、可展机构、并联机构、柔顺机构、基于智能材料驱动的机构及利用其他物理效应的机构的工作原理、运动特点和适用场合。目的在于通过学习,开阔眼界和思路,扩大知识面,为进行机械系统方案设计提供一些基础知识。本章的重点是了解上述机构的类型、工作原理、运动特点及其适用场合。

7.3 复习思考题

1. 何谓复式螺旋机构?为什么它可以使螺母产生快速移动?
2. 举例说明螺旋机构的功能。
3. 摩擦传动机构有哪些特点?如何计算各种类型摩擦传动机构的传动比?
4. 带传动机构有哪些特点?它的工作原理是什么?
5. 与带传动机构比较,链传动机构有哪些特点?它适用于哪些场合?
6. 为什么要在带传动机构和链传动机构中安装张紧装置?
7. 试举例说明可展机构、并联机构、柔顺机构、基于智能材料驱动的机构的工作原理和运动特点。
8. 试列举利用其他物理效应的机构的应用实例,并阐述其工作原理和运动特点。

8 组合机构

8.1 基本要求

(1) 了解机构组合的目的及组合方式,掌握各种组合方式的特点。

(2) 掌握组合机构的概念,了解机构的组合是发展新机构的重要途径。

(3) 了解常见组合机构的类型,掌握各类组合机构的特点和功能。

(4) 了解组合机构分析和设计的基本思路。

8.2 重点、难点提示与辅导

机构的组合是发展新机构的重要途径之一。**本章学习的重点在于掌握机构组合的方式和特点,以及组合机构的基本原理和设计思路,以便在进行机械系统方案设计时,能够根据机械工艺动作的不同特点,选择不同类型的组合机构或利用适当的组合方式创造新机构。**

1. 机构的组合方式和特点

在工程实际中,为了满足生产发展所提出的许多新的更高的要求,提高生产的机械化、自动化程度,常将基本机构进行适当组合,使各基本机构既能发挥其特长,又能避免其自身固有的局限性,从而形成结构简单、性能优良的机构系统。在机构组合系统中,单个基本机构称为该系统的子机构。

机构的组合方式有多种,教程中介绍了常见的 4 种。

(1) 串联式组合。在机构组合系统中,若前一级子机构的输出构件为后一级子机构的输入构件,则这种组合方式称为串联式组合。

(2) 并联式组合。在机构组合系统中,若几个子机构共用同一个输入构件,而它们的输出运动又同时输入给一个多自由度的子机构,从而形成自由度为 1 的机构系统,则这种组合方式称为并联式组合。

(3) 反馈式组合。在机构组合系统中,若其多自由度子机构的一个输入运动是通过单自由度子机构从该多自由度子机构的输出构件回授的,则这种组合方式称为反馈式组合。

(4) 复合式组合。在机构组合系统中,若由一个(或几个)串联的基本机构去封闭一个具有两个(或多个)自由度的基本机构,则这种组合方式称为复合式组合。

对于以上 4 种组合方式,教程中分别给出了例子和相应的框图。读者应结合这些例子和框图,认真掌握每一种组合方式的特点。

2. 组合机构的概念、类型、特点和功能

所谓组合机构,并不是几个基本机构的一般串联所形成的机构系统,而是一种封闭式的传动机构。所谓封闭式传动机构,是指用一个机构去约束或影响另一个多自由度机构所形成的封闭式传动系统,或者是由几个基本机构有机联系、互相协调配合所形成的机构系统。

在组合机构中,自由度大于 1 的差动机构称为组合机构的基础机构,而自由度等于 1 的基本机构称为组合机构的附加机构。

组合机构的类型很多,教程中给出了最常用的三大类组合机构。要求读者能熟练地掌握它们的特点和功能。

1) 凸轮-连杆组合机构

凸轮-连杆组合机构多是由自由度为 2 的连杆机构和自由度为 1 的凸轮机构组合而成。其中,自由度为 2 的连杆机构是基础机构,自由度为 1 的凸轮机构为附加机构。

利用这类组合机构,可以方便、准确地实现从动件的多种复杂的运动轨迹和运动规律。

2) 齿轮-连杆组合机构

齿轮-连杆组合机构是由定传动比的齿轮机构和变传动比的连杆机构组合而成。按照其用途的不同,可分为两类:

(1) 实现复杂运动轨迹的齿轮-连杆组合机构。**这类组合机构多是由自由度为 2 的连杆机构和自由度为 1 的齿轮机构组合而成。其中,自由度为 2 的连杆机构为基础机构,自由度为 1 的齿轮机构为附加机构。**

(2) 实现复杂运动规律的齿轮-连杆组合机构。**这类组合机构多是由自由度为 2 的差动轮系和自由度为 1 的连杆机构组合而成。其中,自由度为 2 的差动轮系为基础机构,自由度为 1 的连杆机构为附加机构。**

需要指出的是,利用齿轮-连杆组合机构虽能实现复杂的运动轨迹和运动规律,但这种实现往往是近似的。当需要精确实现工作所要求的运动轨迹和规律时,通常需采用具有凸轮的凸轮-连杆组合机构或凸轮-齿轮组合机构。

3) 凸轮-齿轮组合机构

凸轮-齿轮组合机构多是由自由度为 2 的差动轮系和自由度为 1 的凸轮机构组合而成。其中,自由度为 2 的差动轮系为其基础机构,自由度为 1 的凸轮机构为其附加机构。

这类组合机构多用来使从动件产生多种复杂运动规律的转动。例如,在输入轴等速转动的情况下,可使输出轴按一定规律做周期性的增速、减速、反转和步进运动;也可使从动件实现具有任意停歇时间的间歇运动;还可以实现机械传动校正装置中所要求的特殊规律的补偿运动等。

在学习这部分内容时,要求读者结合教程中所给的应用实例,了解每种组合机构的组成特点及其功能。

3. 组合机构的设计

组合机构的设计是本章的难点,这是因为组合机构的结构较复杂,各子机构运动参数间关系牵连较多,设计方法比较繁复。

　　工程实际中常用的组合机构,以并联式组合和复合式组合为多。对于这两类组合机构,设计的基本思路如下:首先选择一个合适的两自由度机构作为基础机构,并规定其中一个原动件的运动规律;然后使基础机构的从动件按工作要求的运动轨迹或规律运动,以此得到给定运动规律的原动件与另一个原动件之间的运动关系;按此运动关系来设计单自由度的附加机构,即可得到满足工作要求的组合机构。

　　教程中以工程实际中常用的复合式组合机构为例介绍了组合机构设计的基本思路,并通过实例具体说明了其设计方法。读者在学习这部分内容时,应结合教程中的设计实例,搞清基本原理,在此基础上,掌握较简单的组合机构的设计方法。对于较复杂的组合机构,可通过阅读文献和不断实践,积累设计经验。

8.3　典型例题分析

　　例 8.1　图 8.1(a)所示为一槽凸轮-连杆组合机构的示意图,工作要求滑块 3 相对于曲柄转角 φ 的运动规律 $s=s(\varphi)$ 如图 8.1(b)所示。试分析该组合机构的组合方式、指出其基础机构和附加机构,并设计该组合机构。

　　解　该组合机构是由自由度为 2 的五杆机构和自由度为 1 的凸轮机构组合而成。其中,自由度为 2 的五杆机构为基础机构,自由度为 1 的凸轮机构为附加机构。其组合方式为复合式组合,框图如图 8.1(c)所示。

　　该类组合机构的设计思路是:首先根据工作要求和原始数据,确定自由度为 2 的基础机构——五杆机构的尺寸;然后根据工作所要求的从动件输出的运动规律,设计凸轮的廓线。其具体设计步骤如下:

　　(1) 根据给定的滑块行程 $s(s_{max}-s_{min})$,选定凸轮中心 A 的位置和连杆 2 的长度 l_{BC}。

　　(2) 以 A 为圆心,以任选的合适半径作圆 K,并将该圆周分为若干等份,得一系列等分射线 $A0,A1,\cdots$这些等分射线代表曲柄 1 转动过程中先后到达的各个位置线,如图 8.1(d)所示。

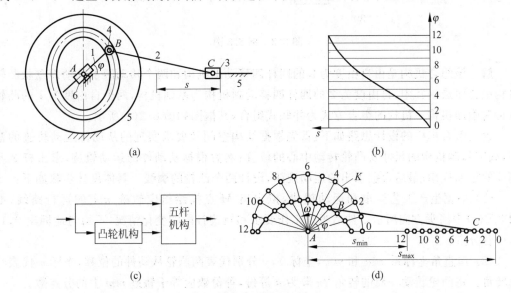

图 8.1　例 8.1 图

（3）将滑块运动规律曲线的纵坐标 φ 轴等分成相同的份数，得到滑块在不同时刻的位移 s_i。依据各 s_i 值，在图 8.1(d) 中量得对应线段，得一系列分点 $C_0,C_1,\cdots$ 点，这些分点代表对应于曲柄各位置时滑块 3 所处的位置。

（4）以上述各分点为圆心、以 l_{BC} 长为半径作圆弧，分别交各相应等分射线于 B_0，$B_1,\cdots$ 各点。用光滑曲线连接这些点，即得到能实现上述给定运动规律的凸轮的理论廓线。图中只画出了该理论廓线的上半部分，其下半部分画法相同。至于该槽凸轮的实际廓线，可通过作一系列滚子圆，然后作其内、外包络线即可得到。

例 8.2　图 8.2(a) 所示是一凸轮-连杆机构的示意图，工程实际中常采用这种机构来实现从动件复杂的运动轨迹。试分析该组合机构的组合方式，并指出其基础机构和附加机构。若工作要求从动件上 M 点实现如图 8.2(b) 所示的运动轨迹 mm，试设计该组合机构。

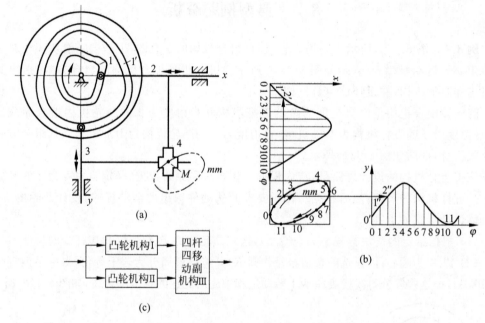

图 8.2　例 8.2 图

解　该组合机构是由自由度为 2 的四杆四移动副机构和两个移动滚子从动件盘状凸轮机构组合而成。其中，自由度为 2 的四杆四移动副机构为基础机构，两个自由度为 1 的凸轮机构为附加机构。机构的组合方式为并联式组合，其框图如图 8.2(c) 所示。

这类组合机构的设计思路如下：首先根据结构空间及要求实现的从动件运动轨迹的范围，确定基础机构的尺寸及凸轮转动中心的位置；然后根据从动件的运动轨迹，求出杆 2 及杆 3 的运动规律；最后根据求出的运动规律，设计两个凸轮的廓线。具体设计步骤如下：

（1）根据生产工艺要求和运动规律，拟定出 M 点描绘给定轨迹 mm 的运行路线，如图 8.2(c) 中箭头方向所示。然后根据工作要求和轨迹各段的变化情况，不均匀地标出 $0,1,2,\cdots$ 各分点。

（2）作直角坐标系 $x0\varphi$ 和 $y0\varphi$，坐标 x,y 分别代表两凸轮从动件的位移，坐标 φ 代表凸轮转角。将凸轮转动一周的转角 2π 分为 n 等份，等份数应等于轨迹 mm 上的分点数。

（3）由轨迹 mm 上各分点分别作 $0x$ 和 $0y$ 轴的垂线，再由两个坐标轴线 0φ 的相应分点分别作其本身的垂线,两组垂线分别相交于点 0,1′,2′,…和 0′,1″,2″,…

(4) 用光滑曲线分别连接上述两组交点,即得两凸轮从动件的位移线图 $x=x(\varphi)$ 和 $y=y(\varphi)$。

(5) 根据位移线图,利用反转法原理绘制两个凸轮的理论廓线,而槽凸轮的实际廓线,即为一系列滚子圆的内、外包络线。

例 8.3 图 8.3(a)所示为一凸轮-齿轮组合机构。齿轮 1 与扇形齿轮 2 相啮合,H 为系杆;在扇形齿轮上固结着摆杆,其一端装有滚子 3,滚子中心在 A 点;4 为固定凸轮,其中心在 O_1 点。当系杆 H 为主动件以等角速度 ω_H 转动时,齿轮 1 的转轴将输出一复杂的运动。试分析该机构的组合方式,并指出其基础机构和附加机构。若摆杆的初始位置为水平,系杆的初始位置为铅垂,如图所示,工作要求当主动件 H 从图示位置转过 90°时,输出轴的角速度大小和方向与 ω_H 相同,当主动件 H 继续转过 90°时,输出轴静止不动,试设计该组合机构。

解 该组合机构是由自由度为 2 的差动轮系和自由度为 1 的凸轮机构组合而成。其中,差动轮系为基础机构,凸轮机构为附加机构。机构的组合方式为复合式组合,其框图如图 8.3(b)所示。

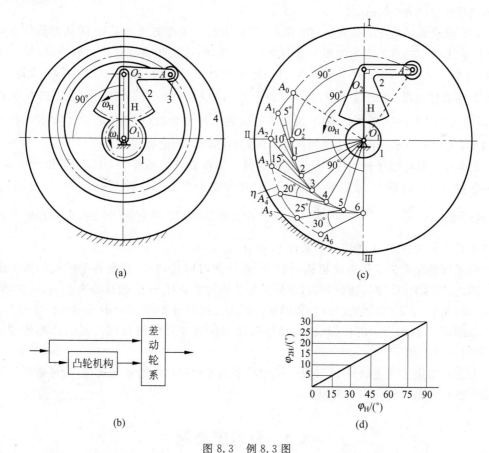

图 8.3 例 8.3 图

齿轮 1、齿轮 2 和系杆 H 组成一个自由度为 2 的差动轮系,它们之间的角速度有如下关系:

$$i_{12}^{H} = \frac{\omega_1 - \omega_H}{\omega_2 - \omega_H} = -\frac{z_2}{z_1}$$

即

$$\omega_1 = \omega_H + i_{12}^{H}(\omega_2 - \omega_H)$$

$$\int_0^t \omega_1 \, dt = \int_0^t \omega_H \, dt + i_{12}^{H} \int_0^t (\omega_2 - \omega_H) \, dt$$

即

$$\Delta\varphi_1 = \Delta\varphi_H + i_{12}^{H} \Delta\varphi_{2H}$$

由此可得

$$\Delta\varphi_{2H} = \frac{\Delta\varphi_1 - \Delta\varphi_H}{i_{12}^{H}} \qquad (a)$$

由式(a)可以看出,在主动件 H 的运动规律 φ_H 和输出轴 1 的运动规律 φ_1 已知的情况下,只要确定了差动轮系的几何参数$\left(即确定了 i_{12}^{H} = -\dfrac{z_2}{z_1}\right)$,就可以求出摆杆 2 相对于主动件 H 的运动规律 φ_{2H};根据这一运动规律,即可设计出凸轮的廓线,完成该组合机构的设计。

根据以上分析,可得该组合机构的设计步骤如下:

(1) 根据结构空间等条件,确定差动轮系的基本参数。选择 $z_1 = 20, z_2 = 60$(齿轮 2 为完整齿轮时的齿数),$m = 1.5$mm,由此可得:系杆长度 $l_{O_1O_2} = \dfrac{m}{2}(z_1 + z_2) = 60$mm,$i_{12}^{H} = -3$。选择摆杆长度 $\overline{O_2A} = 40$mm。

(2) 确定系杆从图示位置转过 90°时凸轮的廓线。工作要求当系杆 H 从初始位置转过 90°时,输出轴 1 的角速度的大小和方向均与 ω_H 相同,这意味着在这个过程中,齿轮 1 和系杆 H 有如一个刚体,以 ω_H 一起转动,它们之间没有相对运动。根据式(a)可知,此时 $\Delta\varphi_{2H} = 0$,即在系杆转过 90°的过程中,始终保持 $\overline{AO_2} \perp \overline{O_1O_2}$。因此,在系杆由位置 I 的 $\overline{O_1O_2}$ 转过 90°而到达位置 II 的 $\overline{O_1O_2'}$ 的过程中,滚子中心 A 的轨迹应为以 O_1 为圆心、以 $\overline{O_1A}$ 为半径的圆弧 $\overset{\frown}{AA_0}$,如图 8.3(c)所示。这段圆弧即为所需的凸轮的理论廓线 η。

(3) 设计系杆继续转过 90°时凸轮的廓线。工作要求当系杆 H 由位置 II 继续转动 90°而到达位置 III 的过程中,输出轴 1 静止不动,此即要求当 $\Delta\varphi_H = 90°$时,$\Delta\varphi_1 = 0$。由式(a)可知,此时 $\Delta\varphi_{2H} = \dfrac{\Delta\varphi_1 - \Delta\varphi_H}{i_{12}^{H}} = \dfrac{0 - 90°}{-3} = 30°$。这表明,当系杆 H 转过 90°时,扇形齿轮 2 连同固结在其上的摆杆 O_2A 将相对系杆 H 转过 $\Delta\varphi_{2H} = 30°$。

由于周转轮系为定传动比机构,故当主动件做匀速转动时,其余各个齿轮均做匀速转动。因此,当系杆 H 做匀速转动时,扇形齿轮 2 相对于系杆 H 的相对角速度 ω_{2H} 应为常数,故相对转角 $\Delta\varphi_{2H}$ 应是均匀变化的,亦即 φ_{2H} 和 φ_H 之间应有如图 8.3(d)所示的线性关系。

根据图 8.3(d)所示的位移线图,即可设计出位置 II 到位置 III 间所需的凸轮的理论廓线,如图 8.3(c)所示。

若题已给定了当主动件 H 转过 1 周中其余角度时输出轴的运动规律,则可根据上述原理和方法设计出凸轮完整的廓线。

8.4　复习思考题

1. 为什么说机构的组合是创造新机构的重要途径?

2. 常见的机构组合方式有几种? 各有什么特点? 试画出每种组合方式的框图。

3. 什么叫做组合机构？常用的组合机构有哪几类？它们各有什么特点和功能？

4. 为什么利用组合机构能实现特定的运动规律和运动轨迹？

5. 利用齿轮-连杆组合机构可以使从动件实现复杂的运动规律，你能说出这类组合机构的基础机构和附加机构吗？

6. 为了使从动件准确实现复杂的运动轨迹，可采用哪些组合机构？其基础机构和附加机构各是什么？

7. 为了使从动件准确地实现复杂的运动规律，可以采用哪些组合机构？其基础机构和附加机构各是什么？

8. 试简述复合式组合机构设计的基本思路。

8.5 自 测 题

8-1 图 8.4 所示为包装机械的物料推送机构。为了提高劳动生产率，要求其推头 M 走如图所示的轨迹，即推头 M 不按原路返回，以便下一个被送物料能提前被送到被推处。试分析该机构的组合方式，并画出其组合方式的框图。

8-2 图 8.5 所示为能实现长时间近似停歇的机构，其原动件为构件 1，输出构件为内齿轮 8。试分析该机构的组合方式，并画出其组合方式的框图。

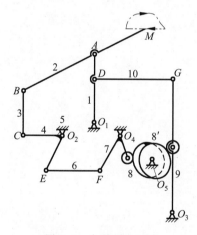

图 8.4　自测题 8-1 图

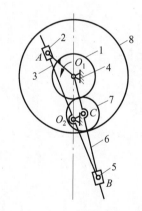

图 8.5　自测题 8-2 图

8-3 图 8.6 所示为一能实现周期性停歇的回转运动的机构。其原动件为齿轮 1，输出构件为齿轮 3。试分析其组合方式，并画出其组合方式框图。

8-4 图 8.7 所示为齿轮加工机床中所使用的蜗轮分度补偿机构。在加工机床中，由于制造和安装误差，会导致 $\varphi_2 \neq \dfrac{z_1}{z_2}\varphi_1$，其误差可通过该机构加以补偿。试分析该机构的组合方式，并画出其组合方式的框图。

8-5 在图 8.8 所示机构中，曲柄 1 为主动件，内齿轮 5 为输出构件。已知齿轮 2,5 的齿数为 z_2，z_5，曲柄长度为 R，连杆长度为 L，试写出输出构件齿轮 5 的角速度 ω_5 与主动曲柄 1 的角速度 ω_1 之间的关系式。

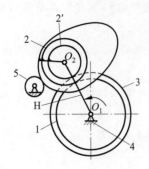

图 8.6　自测题 8-3 图

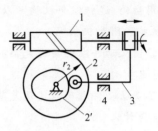

图 8.7　自测题 8-4 图

8-6　试设计一组合机构，使其能准确实现图 8.9 所示的运动轨迹。

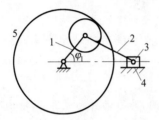

图 8.8　自测题 8-5 图

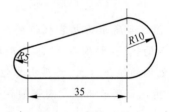

图 8.9　自测题 8-6 图

9 开式链机构

9.1 基 本 要 求

(1) 了解开式链机构的主要特点及功能。
(2) 了解机器人操作器的类型和组成特点。
(3) 掌握平面关节型操作器正向和反向运动学分析的基本思路和方法。

9.2 重点、难点提示与辅导

随着科学技术的发展,开式链机构的应用日渐广泛。本章以机器人操作器为例,介绍了开式链机构的分析方法及其涉及的诸多问题,目的在于开阔读者的思路,以适应科学技术飞速发展的需要。**本章学习的重点是了解开式链机构的主要特点及功能,以及分析开式链机构的基本方法。**

1. 开式链机构的特点及功能

与闭式链机构相比,开式链机构的最大特点是它具有更多的自由度,因此其末端构件的运动与闭式链机构中任何构件的运动相比,也就更为任意和复杂多样。

利用开式链机构的这一特点,结合伺服控制和计算机的使用,开式链机构在各种机器人和机械手中得到了广泛应用。机器人和机械手可在任意位置、任意方向和任意环境下单独地或协同地进行工作,组成一种灵活的、万能的、具有多目的用途的自动化系统,实现柔性自动化操作。

由开式链机构所组成的机器人同传统的由闭式链机构所组成的自动化系统具有原则区别:前者是一种灵活的、具有多目的用途的自动化系统,而后者则用于完成单一的重复的作业。正是由于这一原则区别,**通常把由开式链机构所组成的机器人的操作称为柔性自动化,而把由闭式链机构所组成的传统自动机的操作称为固定自动化。**

2. 机器人操作器的自由度

所谓操作器的自由度,是指在确定操作器所有构件位置时所必须给定的独立运动参数的数目。这一定义与一般闭式链机构自由度的定义是相同的。不同的是,典型的工业机器人操作器的主运动链通常是一个装在固定机架上的开式运动链,为了驱动方便,每一个关节位置通常是由单个变量来规定的,因此操作器中的运动副仅包含单自由度的运动副——转动副和移动副,又称转动关节和移动关节。由于每个关节具有 1 个自由度,故**操作器的自由度数目等于各运动部件自由度的总和**。

一般情况下,操作器手部在空间的位置和运动范围主要取决于其臂部的自由度。为了使操作器的手部能够到达空间任一指定位置,通用的空间机器人操作器的臂部应至少具有 3 个自由度;为了使操作器的手部能够到达平面中的任一指定位置,通用的平面机器人操作器的臂部应至少具有 2 个自由度。

通常,操作器手部在空间的姿态,主要取决于其腕部的自由度。为了使手爪在空间能够取得任意姿态,在通用的空间机器人操作器中,其腕部应至少有 3 个自由度,一般情况下,这 3 个自由度为轴线互相垂直的转动自由度;为了使手爪在平面中能够取得任意指定的姿态,在通用的平面机器人操作器中,其腕部至少应有 1 个转动自由度。这是因为移动只能改变物体的位置,转动才能改变物体的姿态。

综上所述可得出如下重要结论:**通用的空间机器人操作器必须至少具有 6 个自由度:3 个自由度决定手爪在空间的位置,3 个自由度决定手爪在空间的姿态,并且为了使手爪能够在三维空间中取得任意姿态,至少要有 3 个转动自由度;通用的平面机器人操作器必须至少具有 3 个自由度:2 个自由度决定手爪在平面中的位置,1 个自由度决定手爪在平面中的姿态,并且为了使手爪能够在二维平面中取得任意姿态,至少要有 1 个转动自由度。也就是说,仅仅用移动关节来构筑通用的空间或平面机器人是不可能的。**

有时,为了使机器人的手臂能够绕过各种障碍物而进入难以到达的地方,要求操作器具有冗余自由度。

3. 开式链机构的正向运动学问题

开式链机构的正向运动学问题又称为直接问题。**它指的是给定操作器的一组关节参数,要求确定末端执行器的位置和姿态**。它包括位置分析、速度分析和加速度分析。

就关节型操作器而言,其位置分析是已知各关节的转角,求解操作器臂端点的直角坐标和固联于臂末端的末端执行器的姿态角;其速度分析是已知各关节的速度,求解臂末端的直角坐标速度;其加速度分析是已知各关节的加速度,求解臂末端的直角坐标加速度。其中,最关键的是位置分析,一旦完成了位置分析,对时间求一次导数即可得到速度方程,求两次导数即可得到加速度方程。

关于操作器的正向运动学问题,需要注意以下两点:

(1) 雅可比矩阵。在对操作器进行正向运动学的速度分析时,我们引出了雅可比矩阵的概念。**雅可比矩阵是关节速度与操作器臂端直角坐标速度之间的转换矩阵,该矩阵中的各元素是臂端坐标对关节坐标的偏导数**。

(2) 对于由开式链所组成的操作器,其正向运动学分析可以得到末端执行器的位置、速度和加速度的一组唯一确定的解。

正向运动学分析一般比较容易,并不构成本章学习的难点。

4. 开式链机构的反向运动学问题

开式链机构的反向运动学问题又称为间接问题。**它指的是给定了操作器末端执行器在直角坐标系中的位置和姿态,要求确定一组关节参数来实现这一位置和姿态**。同正向运动学问题相反,反向运动学分析更为重要和复杂。之所以重要,是因为它直接涉及到操作器的控制策略;之所以复杂,是因为可能出现解的存在性和多解性问题。

关于操作器的反向运动学问题,需注意以下几点:

(1) 解的存在性问题。**在对操作器进行反向运动学分析时,需要讨论解的存在性问题。若解不存在,则说明所给定的臂端的目标点位置过远,已经超出了操作器的工作空间。**

(2) 多重解问题。**所谓多重解,是指对应于工作所要求的末端执行器的一个给定的位置和姿态,可能存在着多组关节参数,每一组关节参数都可以使末端执行器达到这一给定的位置和姿态。当操作器有多重解时,需要求出所有可能的解,并从中选择一组解。**一般情况下,总是选择使每个关节运动量最小的解。但当有障碍物时,则需要选择不会引起碰撞的解。

(3) 奇异位置问题。在对操作器进行反向运动学的速度分析时,需要用到雅可比矩阵的逆矩阵。这时,需要首先判断雅可比矩阵的逆矩阵是否存在。**对应于雅可比矩阵的逆矩阵不存在的位置,称为操作器的奇异位置。在奇异位置,有限的关节速度不可能使臂末端获得规定的速度。**由于奇异位置涉及到操作器的控制问题,因此,对操作器进行反向运动学的速度分析时,必须对奇异位置加以讨论。

操作器的反向运动学问题既是本章的重点,也是本章的难点。读者在学习这部分内容时,应结合教程中关于平面关节型三连杆操作器的论述,搞清反向运动学分析所涉及的诸多问题。

5. 工作空间

所谓工作空间,指的是操作器臂端在运动过程中所能到达的全部点所构成的空间。工作空间可分为可达到的工作空间和灵活的工作空间。前者是指末端执行器至少在一个方位上能达到的空间范围;后者是指末端执行器在所有方位均能到达的空间范围,即在灵活的工作空间的每一点,末端执行器都可取得任意姿态。灵活的工作空间是可达到的工作空间的一个子集。

工作空间是衡量机器人工作特性的一个重要指标。读者应结合教程中的实例对工作空间的概念有一个明确了解。

9.3　典型例题分析

例 9.1　图 9.1 所示为一极坐标型平面操作器。套筒 2 可在转动关节 1 中转动,手臂 4 可在移动关节 3 中沿径向移动,末端执行器 5 固联在手臂 4 的末端,系统的直角坐标系为 xOy,而关节坐标用极坐标 r 和 θ 表示,其中 r 为从转动关节中心 O 到末端执行器中心 B 点的距离,θ 代表套筒 2 相对于 Ox 轴的转角。试对该操作器进行运动学分析。

解　首先分析其正向运动学问题。由图 9.1 可知,在已知关节位移的情况下,操作器手臂末端点 B 在直角坐标系中的位置可以用由 O 到 B 的矢量 r 来表示,也可以用 B 点

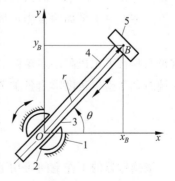

图 9.1　例 9.1 图

在固定直角坐标系中的坐标 x_B,y_B 来表示。因此,正向运动学的位置问题可用下式求解:

$$P = r = \begin{bmatrix} x_B \\ y_B \end{bmatrix} = \begin{bmatrix} r\cos\theta \\ r\sin\theta \end{bmatrix} \tag{a}$$

在已知关节位移 r,θ 的情况下,利用该式很容易求得末端执行器中心 B 点的位置坐标。

B 点的速度可通过将上式两边对时间求导得到,即

$$\dot{P} = \begin{bmatrix} \dot{x}_B \\ \dot{y}_B \end{bmatrix} = \begin{bmatrix} \dot{r}\cos\theta - r\dot{\theta}\sin\theta \\ \dot{r}\sin\theta + r\dot{\theta}\cos\theta \end{bmatrix}$$

$$= \begin{bmatrix} \cos\theta & -r\sin\theta \\ \sin\theta & r\cos\theta \end{bmatrix} \begin{bmatrix} \dot{r} \\ \dot{\theta} \end{bmatrix} = J \begin{bmatrix} \dot{r} \\ \dot{\theta} \end{bmatrix} \tag{b}$$

式中,矩阵 J 为该操作器的雅可比矩阵,

$$J = \begin{bmatrix} \cos\theta & -r\sin\theta \\ \sin\theta & r\cos\theta \end{bmatrix} = \begin{bmatrix} \dfrac{\partial x}{\partial r} & \dfrac{\partial x}{\partial \theta} \\ \dfrac{\partial y}{\partial r} & \dfrac{\partial y}{\partial \theta} \end{bmatrix} \tag{c}$$

至于末端执行器上 B 点的加速度,则可通过将式(b)两边对时间求导得到,这里不再赘述。

下面讨论该操作器的反向运动学问题。由图 9.1 可知,

$$\left. \begin{aligned} r &= \sqrt{x_B^2 + y_B^2} \\ \theta &= \arctan \frac{y_B}{x_B} \end{aligned} \right\} \tag{d}$$

只要给定了工作所要求的 B 点的位置坐标(x_B,y_B),利用该式即可求得所需要的各关节的坐标 r 和 θ。

反向运动学的速度问题可通过将式(b)两边同乘一个 J^{-1}(雅可比矩阵的逆矩阵)来求解,即

$$\begin{bmatrix} \dot{r} \\ \dot{\theta} \end{bmatrix} = J^{-1} \begin{bmatrix} \dot{x}_B \\ \dot{y}_B \end{bmatrix} \tag{e}$$

当已知操作器臂末端的直角坐标速度,利用上式来解各关节速度时,首先需要判断其雅可比矩阵是否可以求逆。由线性代数的知识可知,一个矩阵有逆的充要条件是其行列式的值不为零。对于平面两自由度极坐标型操作器,其雅可比矩阵的行列式的值为

$$|J| = r\cos^2\theta + r\sin^2\theta = r \neq 0 \tag{f}$$

这说明其雅可比矩阵的逆矩阵总是存在的,因此我们可以通过它的逆矩阵 J^{-1} 和给定的臂末端的直角坐标速度求出各关节速度:

$$\begin{bmatrix} \dot{r} \\ \dot{\theta} \end{bmatrix} = J^{-1} \begin{bmatrix} \dot{x}_B \\ \dot{y}_B \end{bmatrix} = \begin{bmatrix} \cos\theta & \sin\theta \\ -\dfrac{\sin\theta}{r} & \dfrac{\cos\theta}{r} \end{bmatrix} \begin{bmatrix} \dot{x}_B \\ \dot{y}_B \end{bmatrix} \tag{g}$$

该操作器的工作空间可用下式描述:

$$r_{\min} \leqslant r \leqslant r_{\max}, \quad 0° \leqslant \theta \leqslant 360° \tag{h}$$

它表示如图 9.2 所示的圆环面积。由于末端执行器在该工作空间内的每一点只能取得一个方位,因此它是操作器可达到的工作空间。该操作器没有灵活的工作空间。

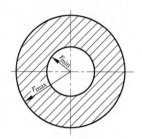

图 9.2 极坐标型平面操作器的工作空间

9.4 复习思考题

1. 与闭式链机构相比,开式链机构的主要特点是什么? 主要用于什么场合?

2. 为什么把由闭式链机构所组成的自动化系统称为固定自动化系统? 而把由开式链机构所组成的机器人系统称为柔性自动化系统?

3. 何谓操作器的自由度? 通用的空间机器人操作器和通用的平面机器人操作器各必须至少具有几个自由度? 为什么?

4. 为了使手爪能够在三维空间取得任意指定的姿态,操作器必须至少有几个转动关节? 为什么仅仅使用移动关节来建立通用的空间和平面机器人是不可能的?

5. 何谓冗余自由度? 使操作器具有冗余自由度的目的是什么?

6. 何谓操作器的正向运动学问题? 其求解有何特点? 何为操作器的反向运动学问题? 其求解有何特点?

7. 何谓雅可比矩阵? 其各元素有何特点?

8. 何谓操作器的工作空间? 可达到的工作空间与灵活的工作空间有何区别与联系?

9. 何谓操作器的奇异位置? 它有何特点?

中篇　机械的动力设计

机械总是在外力作用下进行工作的。机电产品的设计除了应满足工作所要求的动作功能外，还必须具有良好的动力学性能。由于机械的动力学性能将直接影响机械的工作质量及其在市场上的竞争力，因此正日益受到设计者的重视。

机械的动力设计是机械系统方案设计中必须考虑的重要问题之一，它包括的内容十分广泛。本篇着重介绍机械在运转过程中所出现的若干动力学问题，以及如何通过合理设计和试验来改善机械动力学性能的方法。主要包括：作用在机械上的力及机械的力分析方法；机械中的摩擦及其对机械运转的影响，以及如何通过合理设计来减小机械中的摩擦，提高机械效率；机械运转中的速度波动及其对机械工作质量的影响，以及如何通过设计途径来减小机械运转中的速度波动，将波动程度限制在工作允许的范围内；机械中的不平衡及其对机械运转的影响，以及如何通过平衡设计和试验来消除或减小不平衡所造成的危害，提高工作质量。

本篇的内容将为机械系统的方案设计打下必要的动力学方面的基础。

通过本篇的学习，读者应在掌握机械等效动力学模型建立的基本思路和方法的基础上，重点掌握机械周期性速度波动调节的原理，以及飞轮的设计方法。

10

机械的力分析

10.1 基本要求

（1）了解作用在机械上的力的特点。

（2）能够熟练地对移动副中的摩擦问题进行分析和计算。

（3）掌握螺旋副及转动副中摩擦问题的分析和计算方法。

（4）熟练掌握机械效率的概念及效率的各种表达形式，掌握机械效率的计算方法，了解提高机械效率的途径。

（5）正确理解机械自锁的概念，掌握确定自锁条件的方法。

（6）掌握机构的动态静力分析方法。

10.2 重点、难点提示与辅导

效率是衡量机械性能优劣的重要指标，而一部机械效率的高低在很大程度上取决于机械中摩擦所引起的功率损耗。研究机械中摩擦的主要目的在于寻找提高机械效率的途径。

1. 总反力方向的确定

根据两构件之间的相对运动（或相对运动趋势）方向，正确地确定总反力的实际作用方向是本章解题的难点之一。

R_{xy} 是法向反力 N_{xy} 与摩擦力 F_{xy} 的合力，即 $R_{xy} = N_{xy} + F_{xy}$。它表示构件 x 对构件 y 的总反力。理论力学中通常使用法向反力 N_{xy} 与摩擦力 F_{xy} 来进行受力分析与求解。机械原理中则通常采用总反力 R_{xy} 来对构件进行受力分析与求解，它可使方程式及解题过程更加简捷方便。由于摩擦力总是与相对运动（或相对运动趋势）的方向相反，因此，**对移动副来说，总反力 R_{xy} 总是与相对速度 v_{yx} 之间呈 $90°+\varphi$ 的钝角；对转动副来说，总反力 R_{xy} 总是与摩擦圆相切，它对铰链中心所形成的摩擦力矩 $M_{fxy} = R_{xy} \cdot \rho$ 的方向总是与相对角速度 ω_{yx} 的方向相反。**R_{xy} 的确切方向需从该构件的力平衡条件中得到，如图 10.1 所示。

2. 移动副中摩擦问题的分析方法

移动副中平面摩擦问题的分析方法是研究摩擦问题的基础，而斜面摩擦问题的分析方法是本章的重点之一，必须熟练掌握。槽面摩擦问题可通过引入当量摩擦系数及当量摩擦

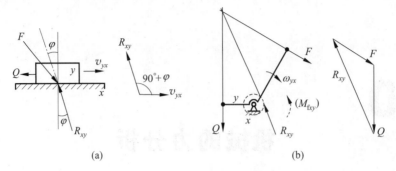

图 10.1　总反力方向的确定

角的概念,将其简化为平面摩擦问题。**运动副元素的几何形状不同,引入的当量摩擦系数也不同,其原因不是摩擦系数发生了变化,而是由于法向反力不同,由此使得运动副元素之间的摩擦力不同。**

3. 自锁现象及自锁条件的判定

无论驱动力多大,机械都无法运动的现象称为机械的自锁。其原因是由于机械中存在摩擦力,且驱动力作用在某一范围内。必须弄清机械不能运动与机械自锁这两个概念的区别。如果一个机械不能运动,那么它有以下 4 个原因:

(1) 自由度数小于等于零;

(2) 驱动力或驱动力矩不够大,不能克服其生产阻力或阻力矩;

(3) 机构处于死点位置;

(4) 机械发生自锁。

机械是否自锁,需要通过求解自锁条件来判断。**一个自锁机构,只是对于满足自锁条件的驱动力在一定运动方向上的自锁;而对于其他外力,或在其他运动方向上则不一定自锁。因此,在谈到自锁时,一定要说明是对哪个力,在哪个方向上自锁。**自锁条件可用以下 3 种方法求得:

(1) 对移动副,驱动力位于摩擦角之内;对转动副,驱动力位于摩擦圆之内。这种方法用于只有一个驱动力,且几何关系比较简单的情况。

(2) 令工作阻力小于零来求解。对于受力状态或几何关系较复杂的机构,可先假定该机构不自锁,用图解解析法或解析法求出工作阻力与主动力的数学表达式,然后再令工作阻力小于零,解此不等式,即可求出机构的自锁条件。这种方法解题比较方便,概念清楚,使用最广泛。因此,要求能熟练掌握,灵活运用。

(3) 利用机械效率计算式求解,即令 $\eta < 0$。这种方法比方法(2)复杂,当机构由多个子机构组成时,若用整个机构的机械效率求解时,可能会出现"负负得正"的问题,而得出错误的结果。典型例题 10.1 中详细讲解了这一问题,并给出了避免此类错误的方法。

机械的自锁问题及移动副自锁条件的求解是本章的难点之一,必须熟练掌握。**当工作要求所设计的机械在反行程具有自锁功能时,在设计过程中应通过求解自锁条件来确定机械的某些几何参数。**

4. 机械的动态静力分析方法

机械动态静力分析的目的是为了确定运动副动反力和维持机械按给定运动所需的平衡

力(力矩)。机械运转过程中外力的变化会引起机械系统速度波动,导致机构中产生惯性力,对机械系统的性能产生影响。机构的动态静力分析方法与静力学分析方法一样,只是在分析和计算时要同时考虑静力和惯性力(力矩)。

10.3　典型例题分析

例 10.1　某技术人员欲设计一个如图 10.2 所示的三楔块斜面机构,其设计思想为:当在楔块 1 上加驱动力 F 时,能推动楔块 3 上的重物 Q 向上运动;而当 F 撤去后,重物能保持不动。设各接触面间的摩擦角均为 φ,试确定该斜面机构的几何参数 α 和 β。

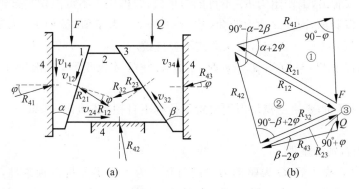

图 10.2　例 10.1 图

解　由题意可知,设计者希望设计一个正行程(F 为驱动力)不自锁,而反行程(Q 为驱动力)能自锁的三楔块斜面机构。要确定该斜面机构的几何参数 α,β,需从求解该机构正行程不自锁及反行程能自锁的条件入手。

方法一　利用令工作阻力大于(或小于)零来求解不自锁(或自锁)条件。

(1) 正行程不自锁的条件

当 F 为主动力时,根据相对运动关系,可知各构件之间的相对速度 $v_{14},v_{12},v_{24},v_{32},v_{34}$ 如图 10.2(a)所示,由于全反力是阻止构件运动的,故可作出 $R_{41},R_{21},R_{42},R_{23},R_{43}$ 对各自法线偏转摩擦角 φ 后的力作用线。

以滑块 1 为力分析单元,有

$$\boldsymbol{F} + \boldsymbol{R}_{41} + \boldsymbol{R}_{21} = 0$$

其相应的力三角形如图 10.2(b)中①,而正确标注出力三角形中三个内角的大小是本题的难点之一,应独立地找出各内角的大小,然后再用三角形内角之和为 180°来验算。夹角之间的关系找对后,由正弦定理可得

$$\frac{F}{\sin(\alpha + 2\varphi)} = \frac{R_{21}}{\sin(90° - \varphi)}$$

阻力

$$R_{21} = F \frac{\cos\varphi}{\sin(\alpha + 2\varphi)} \tag{a}$$

同理,以滑块 2 为力分析单元,有

$$\boldsymbol{R}_{12} + \boldsymbol{R}_{32} + \boldsymbol{R}_{42} = 0$$

此时,在滑块 2 上 $\boldsymbol{R}_{12}$ 为主动力,$\boldsymbol{R}_{32}$ 为工作阻力,根据图 10.2(b)中②,可得

阻力
$$R_{32} = R_{12} \frac{\cos(\alpha + 2\varphi)}{\cos(\beta - 2\varphi)} \qquad\qquad (b)$$

以滑块 3 为力分析单元,有

$$\boldsymbol{Q} + \boldsymbol{R}_{43} + \boldsymbol{R}_{23} = 0$$

对滑块 3 而言,$\boldsymbol{R}_{23}$ 为主动力,$\boldsymbol{Q}$ 为工作阻力,根据图 10.2(b)中③,得

$$Q = R_{23} \frac{\sin(\beta - 2\varphi)}{\cos\varphi} \qquad\qquad (c)$$

要求正行程不自锁,就需要 3 个楔块均不发生自锁,如果其中任一楔块发生自锁,整个斜面机构也就自锁了。为此,要求以上 3 个工作阻力的关系式都必须大于零。

由式(a)可以看出,工作阻力 R_{21} 不可能为负值,故楔块 1 不可能发生自锁。

由式(b)可以看出,因 α,β 均为锐角,故 $\cos(\beta - 2\varphi)$ 为正值,欲使 R_{32} 大于零,必须满足 $\alpha + 2\varphi < 90°$,即当 $\alpha < 90° - 2\varphi$ 时,楔块 2 才不会自锁。

由式(c)可以看出,只有当 $\beta > 2\varphi$ 时,工作阻力 Q 才大于零,故楔块 3 不自锁的条件为 $\beta > 2\varphi$。

由以上分析可知,要使三楔块斜面机构正行程不自锁,必须使 $\alpha < 90° - 2\varphi$ 和 $\beta > 2\varphi$,且两者同时成立。

(2) 反行程自锁的条件

反行程即力 F 撤去后,Q 为驱动力时的行程。为了便于分析自锁条件,通常先假定机构反行程不自锁,在楔块 1 上加阻力 F',用图解解析法或解析法分别求出每个楔块上的工作阻力与驱动力的关系式,再令工作阻力小于零解出不等式,即可求出各构件的自锁条件。

每个楔块上工作阻力与驱动力的关系式可依照正行程时的思路求得,但也可以直接将正行程所得到的各关系式中的 φ 换为 $(-\varphi)$ 直接得到。这是因为在移动副的情况下,正反行程的区别仅在于各接触面间的相对速度方向发生了改变,因而使得各接触面处的总反力的偏转方向改变了,从而使得式中摩擦角前面的符号随之改变。正是由于这一缘故,当已经列出了正行程的力关系式后,反行程时的力关系式可以不必再作力三角形并推导其夹角关系,而可以直接利用正行程的关系式,把摩擦角 φ 前的符号加以改变得到。

对于楔块 1,由式(a)可得反行程时工作阻力 F' 的关系式:

$$F' = R_{21} \frac{\sin(\alpha - 2\varphi)}{\cos\varphi}$$

令 $F' < 0$,即可求得楔块 1 自锁的条件:$\alpha < 2\varphi$。

对于楔块 2,由式(b)可得反行程时工作阻力 R_{12} 的关系式:

$$R_{12} = R_{32} \frac{\cos(\beta + 2\varphi)}{\cos(\alpha - 2\varphi)}$$

令 $R_{12} < 0$,即可得到楔块 2 自锁条件:$\beta > 90° - 2\varphi$。

对于楔块 3,由式(c)可得反行程时其工作阻力 R_{23} 的关系式:

$$R_{23} = Q \frac{\cos\varphi}{\sin(\beta + 2\varphi)}$$

由该式可以看出,R_{23} 不可能为负值,故楔块 3 在反行程时不可能发生自锁。

由以上分析可知,反行程自锁的条件是:$\alpha < 2\varphi$ 或 $\beta > 90° - 2\varphi$,满足其中任一个条件,均可使机构处于自锁状态。

综合以上正反行程的分析,可知:

正行程不自锁的条件为 $\alpha<90°-2\varphi$ 且 $\beta>2\varphi$

反行程自锁的条件为 $\alpha<2\varphi$ 或 $\beta>90°-2\varphi$

由于一般情况下,摩擦角 φ 不会超过 $22.5°$,因此,要使正行程不自锁、反行程自锁,设计时可取 $\alpha<2\varphi$ 和 $\beta>90°-2\varphi$。

方法二 令 $\eta>0$(或 $\eta<0$)求解不自锁(或自锁)条件

(1) 正行程不自锁的条件

由式(a)、式(b)、式(c),可求得

$$Q = F\tan(\beta-2\varphi)\cot(\alpha+2\varphi) \tag{d}$$

对理想机械 $\varphi=0$,则

$$Q_0 = F\tan\beta\cot\alpha$$

所以该机构的机械效率为

$$\eta = \frac{Q}{Q_0} = \frac{\tan(\beta-2\varphi)\tan\alpha}{\tan(\alpha+2\varphi)\tan\beta} \tag{e}$$

要求正行程不自锁,则令 $\eta>0$,可得出两组解:

$$\beta>2\varphi \quad 和 \quad \alpha<90°-2\varphi \tag{f}$$

或

$$\beta<2\varphi \quad 和 \quad \alpha>90°-2\varphi \tag{g}$$

那么究竟哪一组解是所求的正确条件?

由方法一的分析可知,正确条件应为 $\beta>2\varphi$ 和 $\alpha<90°-2\varphi$。而 $\beta<2\varphi$ 时,楔块 3 自锁;$\alpha>90°-2\varphi$ 时,楔块 2 自锁,整个机构在两处同时自锁,说明机构自锁得更牢。因此仅仅由 $\eta>0$ 来求解不自锁条件,有时会出现逻辑上的矛盾。如何来避免出现上述矛盾?

由于此斜面机构是由 3 个楔块组成,在 F 为主动力时,运动由楔块 $1→2→3$,因此可将它看作由 3 个子机构串联成一个总机构,分别计算出各子机构的效率 η_1,η_2,η_3:

对滑块 1,由式(a)可得 $R_{21}^0 = F/\sin\alpha$

$$\eta_1 = \frac{R_{21}}{R_{21}^0} = \frac{\cos\varphi\sin\alpha}{\sin(\alpha+2\varphi)} \tag{h}$$

由于总有 $\eta_1>0$,故在 P 为主动力时,楔块 1 不会自锁。

对楔块 2,由式(b)得到理想机械的生产阻力,$R_{32}^0 = R_{12}\dfrac{\cos\alpha}{\cos\beta}$

$$\eta_2 = \frac{R_{32}}{R_{32}^0} = \frac{\cos\beta\cos(\alpha+2\varphi)}{\cos\alpha\cos(\beta-2\varphi)}$$

令 $\eta_2>0$,可得到楔块 2 不自锁的条件为

$$\alpha<90°-2\varphi \text{ 和 } \beta>2\varphi$$

对楔块 3,由式(c)得到 $Q_0 = R_{23}\sin\beta$

$$\eta_3 = \frac{Q}{Q_0} = \frac{\sin(\beta-2\varphi)}{\cos\varphi\sin\beta}$$

令 $\eta_3>0$,可得到楔块 3 不自锁的条件为

$$\beta>2\varphi$$

综上所述,可得到整个机构在 F 为主动力时不自锁的条件为: $\alpha<90°-2\varphi$ 和 $\beta>2\varphi$。

由此可见,用子机构效率分别求解各子机构不自锁条件,然后再综合得出整个机构的不自锁条件,可避免出现逻辑上的矛盾。

(2) 反行程自锁条件

由读者参照上述方法自行求解。

结论:

① 对移动副的摩擦问题进行分析和计算的过程中,当求解出正行程的关系式后,反行程的关系式可直接将正行程所得出各关系式中的 φ 换为 $(-\varphi)$ 来得到。

② 在利用令 $\eta>0$(或 $\eta<0$)求解不自锁(或自锁)条件时,为避免出现逻辑上的矛盾,可用子机构的效率分别求解各子机构不自锁(或自锁)条件后,再综合得出整个机构的不自锁(或自锁)条件。

③ 如果题目中不要求分析机械的效率,而仅仅要求讨论自锁条件,则可以直接根据所求出的各力的关系式,令工作阻力小于零来逐个求出自锁条件,而不需要导出机构的效率关系式来求解。这样既快捷,又可避免逻辑上出现矛盾。

例 10.2 图 10.3(a)所示为曲柄滑块机构。曲柄 1 上作用着驱动力矩 M_d,已知机构的尺寸、摩擦角 φ 及转动副 A,B,C 处虚线所示的摩擦圆。若不计各构件的重力和惯性力,试求机械处于图示位置时,滑块能克服的工作阻力 Q。

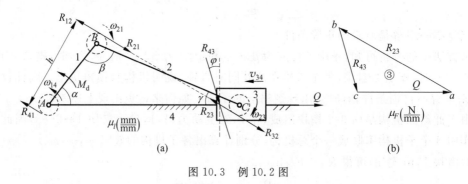

图 10.3 例 10.2 图

解 这是典型的既含移动副摩擦又含转动副摩擦的连杆机构受力分析的例题。求解这类题时,通常可采用图解法。

(1) 取长度比例尺 $\mu_l\left(\dfrac{mm}{mm}\right)$,准确绘出给定位置的机构运动简图,如图 10.3(a)所示。

(2) 根据已知驱动力矩 M_d 的方向,分析在图示位置机构中各构件的运动情况。曲柄 1 在驱动力矩 M_d 的作用下逆时针转动,$\omega_1=\omega_{14}$,夹角 α 将逐渐增大;曲柄 1 与连杆 2 的夹角 β 将减小;而连杆 2 与机架 4 的夹角 γ 将增大;滑块 3 向左运动。

(3) 分析连杆 2 的受力情况。连杆 2 为二力杆,只受 R_{12} 与 R_{32} 两个力,且为受拉杆。如果不考虑转动副摩擦,两个力应在转动副 BC 中心的连线上。当考虑转动副摩擦时,R_{12} 与 R_{32} 应分别与转动副 B,C 两点处的摩擦圆相切,且两个力在一条直线上。由于 R_{12},R_{32} 切于摩擦圆后产生的摩擦力矩是阻止连杆 2 相对曲柄 1 和滑块 3 的运动,即 R_{12},R_{32} 产生的摩擦力矩方向应分别与 ω_{21},ω_{23} 的方向相反,因此需首先来分析 ω_{21} 和 ω_{23} 的运动趋势(注意 R_{12}, R_{32} 与 ω_{21},ω_{23} 下标相反)。

确定 R_{12} 在转动副 B 处的方向。由于连杆 2 与曲柄 1 的夹角 β 逐渐减小，故连杆 2 相对曲柄 1 的角速度 ω_{21} 应为顺时针方向；R_{12} 为拉力，且切于摩擦圆后产生的摩擦力矩阻止 ω_{21} 的运动，故 R_{12} 的大致方向应向左上方且切于转动副 B 处摩擦圆的上方。

确定 R_{32} 在转动副 C 处的方向。在 M_d 的驱动下，连杆 2 与滑块 3 及其导路的夹角 γ 逐渐增大，故连杆 2 相对于滑块 3 的角速度 ω_{23} 应为顺时针方向；R_{32} 为拉力，它切于摩擦圆且由此产生的摩擦力矩阻止 ω_{23} 的运动，故 R_{32} 的大致方向为向右下方且切于转动副 C 处摩擦圆下方。

又由于 R_{12}，R_{32} 为一对大小相等，方向相反，作用于同一直线的两个力，因此，它们的作用线是转动副 B，C 处摩擦圆的一条内公切线，如图所示。至此，准确地确定了 R_{12}，R_{32} 的作用方向。

（4）分析曲柄 1 受力情况，由驱动力矩 M_d 得到 R_{21} 的大小。由 R_{12} 可得到 R_{21} 的方向。由于曲柄 1 与机架 4 之间的夹角 α 在驱动力矩 M_d 的作用下逐步增加，故曲柄 1 相对机架 4 的角速度 ω_{14} 为逆时针方向，机架 4 对曲柄 1 的作用力 R_{41} 应切于转动副 A 点的摩擦圆，且由此产生的摩擦力矩阻止 ω_{41} 的变化，R_{41} 与 R_{21} 的大小相等，方向相反，二力相互平行，所形成力偶的大小恰好等于驱动力矩的大小，但方向相反。因此，当从图中得到力臂长度 $H = \mu_l h$ 后，即可得到

$$HR_{21} = M_d$$
$$R_{21} = M_d / H$$

（5）分析滑块 3 的受力情况，求出工作阻力 Q 的大小。滑块 3 受 3 个力，这 3 个力应汇交于一点，其合力为零，矢量方程式为

$$\boldsymbol{R}_{23} + \boldsymbol{R}_{43} + \boldsymbol{Q} = 0$$

式中，R_{23} 的大小及方向，可由 $R_{12} = -R_{21}$，$R_{12} = -R_{32}$，$R_{23} = -R_{32}$ 得到。滑块 3 相对于机架 4 向左运动，R_{43} 将阻止 v_{34} 的运动，与相对速度 v_{34} 形成 $(90° + \varphi)$ 的钝角，且方向向右下方。3 个力形成封闭的矢量三角形。按一定的力比例尺 μ_F（N/mm）绘出的矢量三角形如图 10.3（b）所示。由此可得到滑块 3 上的工作阻力：

$$Q = \mu_F \cdot \overline{ca}$$

例 10.3 在图 10.4（a）所示的双滑块机构中，已知驱动力 $P = 100$ N，移动副的摩擦角 φ 和转动副中摩擦圆的大小如图中所示。试用力多边形图解法求工作阻力 Q 的大小。

（1）分析各构件运动方向

由于 P 为驱动力，所以此机构中各构件的运动方向为：滑块 3 向右运动、滑块 1 克服工作阻力 Q 向上运动、连杆 2 逆时针方向转动（ω_{23} 和 ω_{21} 均为逆时针方向）。

（2）分析二力杆的受力

连杆 2 为受压的二力杆，据此即可判断出作用在连杆 2 上的全反力 R_{32} 和 R_{12} 的方向，其连线为铰链 A 和 B 两个摩擦圆的内公切线，如图 10.4（b）所示。进而可求出其反作用力 R_{23} 和 R_{21} 的方向。最后画出两个移动副中的全反力 R_{43} 和 R_{41} 的方向。

（3）利用三力构件求解

滑块 3 和 1 的力平衡方程式分别为

$$\boldsymbol{P} + \boldsymbol{R}_{23} + \boldsymbol{R}_{43} = 0$$
$$\boldsymbol{Q} + \boldsymbol{R}_{21} + \boldsymbol{R}_{41} = 0$$

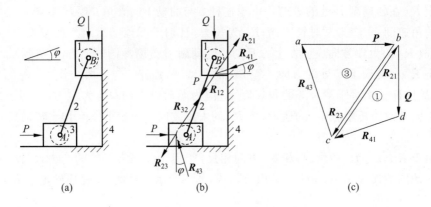

图 10.4　例 10.3 图

取力比例尺 $\mu_P = 4$ N/mm,则力 P 的代表线段长度为

$$\overline{ab} = \frac{P}{\mu_P} = \frac{100}{4} = 25(\text{mm})$$

据此画滑块 3 的力多边形 abc,如图 10.4(c)所示。考虑到 $R_{23} = -R_{32}$、$R_{32} = -R_{12}$、$R_{12} = -R_{21}$,则 $R_{21} = -R_{23}$。

继而可画出滑块 1 的力多边形 cbd。工作阻力 Q 的代表线段为 $\overline{bd}$,其大小为

$$Q = \overline{bd} \cdot \mu_P = 18.75 \times 4 = 75(\text{N})$$

当分别令力 P 抑或力 Q 为驱动力,且其作用方向分别与图 10.4(a)所示相同抑或相反时,此题可演变出 4 种情况。读者可自行练习。

10.4　复习思考题

1. 何谓摩擦角? 移动副中总反力是如何决定的?

2. 何谓当量摩擦系数及当量摩擦角? 引入它们的目的是什么?

3. 矩形螺纹的螺旋副与三角形螺纹的螺旋副各有何特点? 各适用于何种场合?

4. 何谓摩擦圆? 摩擦圆的大小与哪些因素有关?

5. 非跑合的止推轴承与跑合的止推轴承其轴端的摩擦力矩的计算公式有何不同? 为什么? 工作中为何常采用空心的轴端?

6. 何谓机械效率? 效率高低的实际意义是什么?

7. 何谓实际机械? 何谓理想机械? 两者有何区别?

8. 机械效率小于零的物理意义是什么?

9. 从机械效率的观点来看,机械的自锁条件是什么? 自锁机械是否就是不能运动的机械?

10. 生产阻力小于零的物理意义是什么? 从受力的观点来看,机械自锁的条件是什么?

11. 机械正行程的机械效率是否等于反行程的机械效率? 为什么?

12. 提高机械效率的途径有哪些?

13. 机构的动态静力分析方法的基本过程是什么?

10.5　自　测　题

10-1　填空题

（1）槽面摩擦力比平面摩擦力大是因为 _____。

（2）从受力观点分析，移动副的自锁条件是 _____；转动副的自锁条件是 _____；从效率观点分析，机械自锁的条件是_____。

（3）三角螺纹比矩形螺纹的摩擦_____。故三角螺纹多应用于_____。矩形螺纹多应用于_____。

（4）提高机械效率的途径有 _____。

10-2　图 10.5 所示为一缓冲器。滑块 1 上作用力 F，滑块 2 和 3 上分别作用大小相等、方向相反的弹簧压力 Q，滑块 4 固定于机座上。已知各滑块接触面间的摩擦系数 f，试求当滑块 2 和 3 被等速推开及等速复位时力 F 与 Q 的关系、机械效率及不发生自锁的条件。

10-3　图 10.6 所示为一平压机。已知作用在构件 1 上的主动力 $F=500\mathrm{N}$，转动副处的圆为摩擦圆，摩擦角的大小示于右侧，要求在图示位置，

（1）画出各构件上的作用力（画在该简图上）。

（2）用 $\mu_F=10\mathrm{N/mm}$ 的比例尺，画出力多边形，求出压紧力 Q 的大小。

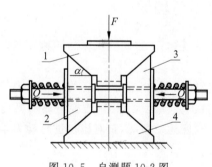

图 10.5　自测题 10-2 图

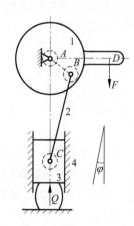

图 10.6　自测题 10-3 图

机械系统动力学

11.1 基 本 要 求

（1）掌握机械运转过程的3个阶段中，机械系统的功、能量和原动件运动速度的特点。

（2）掌握建立单自由度机械系统等效动力学模型的基本思路及建立动力学方程式的方法。

（3）能求解等效力矩和等效转动惯量均是机构位置函数时机械的动力学方程式。

（4）掌握飞轮调节周期性速度波动的原理及飞轮设计的基本方法。

（5）了解机械非周期性速度波动调节的基本概念和方法。

11.2 重点、难点提示与辅导

本章主要研究两个问题：一是确定机械真实的运动规律；二是研究机械运转速度波动的调节方法。

机械的真实运动规律是由其各构件的尺寸、质量、转动惯量和作用在各构件上的力等许多参数决定的。只有根据这些参数确定出机械原动件的真实运动规律，才能进而对其进行运动分析，确定各构件的真实运动规律。了解机械的真实运动情况，是对机械进行动力学研究与分析所必需的。

1. 机械的运转过程

机械在外力作用下的运转过程分为3个阶段。在机械运转过程的3个阶段中，系统的功、能量和机械运转速度具有以下特点：

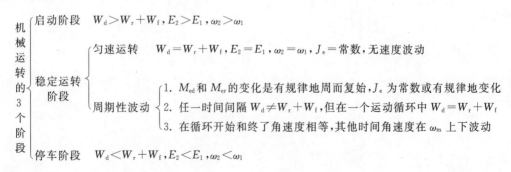

机械运转的3个阶段
- 启动阶段 $W_d > W_r + W_f, E_2 > E_1, \omega_2 > \omega_1$
- 稳定运转阶段
  - 匀速运转 $W_d = W_r + W_f, E_2 = E_1, \omega_2 = \omega_1, J_e =$ 常数，无速度波动
  - 周期性波动
    1. M_{ed} 和 M_{er} 的变化是有规律地周而复始，J_e 为常数或有规律地变化
    2. 任一时间间隔 $W_d \neq W_r + W_f$，但在一个运动循环中 $W_d = W_r + W_f$
    3. 在循环开始和终了角速度相等，其他时间角速度在 ω_m 上下波动
- 停车阶段 $W_d < W_r + W_f, E_2 < E_1, \omega_2 < \omega_1$

2. 机械的等效动力学模型

（1）对于单自由度刚性机械系统，由上篇所学机构的运动分析方法可知，只要能确定其某一构件的真实运动规律，其余构件的运动规律也就确定了。因此，研究机械的运转情况时，可以就某一选定的构件（即等效构件）来分析，但为了不失真实性，要将机械中所有构件的质量、转动惯量都等效地转化到这个构件上来，把各构件上所作用的力、力矩也都等效地转化到等效构件上，然后列出等效构件的动力学方程式，研究其运动规律。这一过程，就是建立所谓的等效动力学模型。

（2）建立机械系统等效动力学模型时应遵循的原则是：使机械系统在等效前后的动力学效应不变，即

① **动能等效**：等效构件所具有的动能应等于原机械系统所有构件所具有的动能之和。

② **外力所做之功等效**：作用在等效构件上的等效力（矩）所做的功或所产生的功率，应等于作用在原机械系统上所有力和力矩所做的功或产生的功率之和。

（3）通过建立等效动力学模型可知，对于单自由度的机械系统，无论它多么复杂，均可基于动力学等效原则将其简化为只含有一个活动构件（等效构件）的单自由度运动机构。根据动能定理，可建立两种形式的等效动力学方程，即用积分方程表示的能量形式动力学方程和用微分方程表示的力矩形式动力学方程。等效构件与原机械系统中某一构件具有相同的运动规律，通过求解等效动力学方程，即可获得原机械系统中对应构件的真实运动规律，进而通过机构运动分析的方法求得原机械系统中其他构件的运动规律。

上述两种动力学方程的求解方法可以分为解析法和数值法。大多数情况下，由于难以给出积分形式的函数表达式，不能用解析法求解，而只能用数值法求解，这是本章的难点内容。本章分 3 种情况讨论了动力学方程的求解方法，分别是：等效力矩是位置函数时；等效力矩是角速度函数、等效转动惯量为常数时；等效力矩同时是位置和角速度函数时。对于这部分内容，只要求读者重点掌握第一种情况，即当等效力矩、等效转动惯量是机构位置函数时动力学方程的求解方法。其他两种情况，供读者扩大知识面，只需了解其基本思路即可。

3. 机械速度波动的调节方法

（1）**有周期性速度波动的机械系统**，可以利用飞轮储能和放能的特性来调节机械速度波动的大小。飞轮设计是本节的重点，其关键在于根据机械的最大盈亏功、平均角速度和允许的速度波动系数$[\delta]$来确定飞轮的转动惯量。因飞轮在机械系统中充当能量储存器，用来抑制、调节系统周期性动能（速度）波动过大，即通过飞轮设计使得系统最大与最小动能增量的差——最大盈亏功$[W]$（$[W] = \Delta E_{max} - \Delta E_{min}$）在允许的能量波动范围内。

最大盈亏功的确定关键在于找到最大和最小角速度（动能）的位置点，无论等效力矩遵循何种函数变化规律，角速度（动能）的极值点必然出现在等效驱动力矩 M_{ed} 和等效阻力矩 M_{er} 相等的位置点，然后根据外力矩做正功和负功的累加情况，确定极值点位置和最大盈亏功的大小。

利用公式 $J_F \geqslant \dfrac{900[W]}{\pi^2 n^2 [\delta]}$ 计算飞轮转动惯量时应注意以下问题：

① 由该式计算出的 J_F 是假定飞轮安装在等效构件上时所需的转动惯量，若实际设计时希望将飞轮安装在机械系统的其他构件上，则应将计算所得结果按"功/能等效"的原则折

算到其安装的构件上。

② 当[W]与 n 一定时

a. 加大 J_F 则速度波动系数将下降,起到减小机械速度波动的作用,达到调速的目的;

b. 如[δ]值取得很小,飞轮的转动惯量就会很大,因此不应过分追求机械运转速度的均匀性,否则将会使飞轮过于笨重;

c. 安装飞轮只能减小速度波动,不可能完全消除速度波动。

③ 当[W]和[δ]一定时,J_F 与 n 的平方值成反比,为了减小飞轮转动惯量,最好将飞轮安装在高速轴上。

④ 凡是运动的构件都具有动能,都能起到储存和释放能量的作用。因此,若机械系统中有较大的带轮或齿轮,也可以起到与飞轮同样的作用。

(2) 对于非周期性速度波动的机械系统,不能用飞轮进行调节。当系统不具有自调性时,则需要利用调速器来对非周期性速度波动进行调节。

11.3　典型例题分析

例 11.1 图 11.1 所示的行星轮系中,已知各轮的齿数分别为 $z_1 = z_2 = 20$,$z_3 = 60$,各构件的质心均在其相对回转轴线上,它们的转动惯量分别为 $J_1 = J_2 = 0.01\text{kg} \cdot \text{m}^2$,$J_H = 0.16\text{kg} \cdot \text{m}^2$,行星轮 2 的质量 $m_2 = 2\text{kg}$,模数 $m = 10\text{mm}$,作用在行星架 H 上的力矩 $M_H = 40\text{N} \cdot \text{m}$。求构件 1 为等效构件时的等效力矩 M_e 和等效转动惯量 J_e。

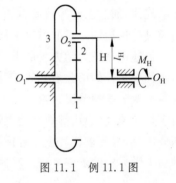

图 11.1　例 11.1 图

解 (1) 求等效力矩 M_e

根据功率等效的原则,得

$$M_e = M_H \frac{\omega_H}{\omega_1} \tag{a}$$

问题归结为求传动比 $\dfrac{\omega_H}{\omega_1}$。在该行星轮系中,$\omega_3 = 0$,故其转化机构的传动比为

$$i_{13}^H = \frac{\omega_1 - \omega_H}{0 - \omega_H} = 1 - \frac{\omega_1}{\omega_H} = -\frac{z_3}{z_1} = -\frac{60}{20} = -3$$

则

$$\frac{\omega_1}{\omega_H} = 1 + 3 = 4, \quad \text{即} \quad \frac{\omega_H}{\omega_1} = \frac{1}{4} \tag{b}$$

将式(b)代入式(a)得

$$M_e = 40 \times \frac{1}{4} = 10(\text{N} \cdot \text{m})$$

求得 M_e 为正值,表明其方向与 M_H 相同。

(2) 求等效转动惯量 J_e

在此轮系中,轮 1 和系杆 H 为定轴转动构件,而齿轮 2 为平面运动构件。因而,轮 2 的动能应包括两部分:轮 2 绕自身轴线做相对转动所具有的动能以及其质心绕 O_H 轴转动所具有的动能,故根据教程中给出的等效转动惯量 J_e 的计算式可得

$$J_e = J_1 \left(\frac{\omega_1}{\omega_1}\right)^2 + J_2 \left(\frac{\omega_2}{\omega_1}\right)^2 + m_2 \left(\frac{v_{O_2}}{\omega_1}\right)^2 + J_H \left(\frac{\omega_H}{\omega_1}\right)^2$$

$$= J_1 + (m_2 l_{\mathrm{H}}^2 + J_{\mathrm{H}}) \left(\frac{\omega_{\mathrm{H}}}{\omega_1}\right)^2 + J_2 \left(\frac{\omega_2}{\omega_1}\right)^2 \tag{c}$$

式中 $\dfrac{\omega_{\mathrm{H}}}{\omega_1} = \dfrac{1}{4}$ 已经求出。又因

$$i_{23}^{\mathrm{H}} = \frac{\omega_2 - \omega_{\mathrm{H}}}{0 - \omega_{\mathrm{H}}} = 1 - \frac{\omega_2}{\omega_{\mathrm{H}}} = \frac{z_3}{z_2} = \frac{60}{20} = 3$$

故 $\dfrac{\omega_2}{\omega_{\mathrm{H}}} = -2$，因此，

$$\frac{\omega_2}{\omega_1} = \frac{\omega_2}{\omega_{\mathrm{H}}} \cdot \frac{\omega_{\mathrm{H}}}{\omega_1} = -2 \times \frac{1}{4} = -\frac{1}{2}$$

又

$$l_{\mathrm{H}} = \left(\frac{z_1 + z_2}{2}\right) m = \left(\frac{20 + 20}{2}\right) \times 10 = 200 \ (\mathrm{mm})$$

将以上各值代入式(c)得

$$J_e = 0.01 + (2 \times 0.2^2 + 0.16) \times \left(\frac{1}{4}\right)^2 + 0.01 \times \left(-\frac{1}{2}\right)^2$$

$$= 0.0275 (\mathrm{kg \cdot m^2})$$

注意 从以上计算过程可知，由于该机构为定传动比机构，故 M_e 和 J_e 均为常数。

例 11.2 图 11.2(a)所示的导杆机构中，已知 $l_{AB} = 100\mathrm{mm}$，$\varphi_1 = 90°$，$\varphi_3 = 30°$；导杆 3 对轴 C 的转动惯量 $J_C = 0.016\mathrm{kg \cdot m^2}$，其他构件的质量和转动惯量均忽略不计；作用在导杆 3 上的阻力矩 $M_3 = 10\mathrm{N \cdot m}$。若取曲柄 1 为等效构件，试求该机构在图示位置的等效阻力矩 M_r 和等效转动惯量 J_e。

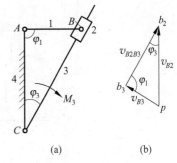

图 11.2 例 11.2 图

解 (1)求等效阻力矩 M_r

根据教程中给出的等效力矩计算式可得

$$M_r = M_3 \frac{\omega_3}{\omega_1} \tag{a}$$

由图 11.2(a)所示的几何关系可知，$\triangle ABC$ 为直角三角形，且 $\varphi_3 = 30°$，则可求得

$$l_{BC} = 2 l_{AB}$$

下面求速比 $\dfrac{\omega_3}{\omega_1}$。因速比属相对值，当已知曲柄角速度 ω_1 的方向(由于阻力矩 M_3 为顺时针方向，可判断 ω_3 应为逆时针方向，因而 ω_1 的方向亦应为逆时针)，根据速度方程式

$$\bar{v}_{B3} = \bar{v}_{B2} + \bar{v}_{B3B2}$$

作出速度多边形 pb_2b_3，如图 11.2(b)所示，得

$$v_{B3} = \frac{1}{2} v_{B2}$$

即

$$l_{BC} \omega_3 = \frac{1}{2} l_{AB} \omega_1$$

因而

$$\frac{\omega_3}{\omega_1} = \frac{l_{AB}}{2 l_{BC}} = \frac{1}{4} \tag{b}$$

将式(b)代入式(a)得

$$M_r = M_3 \cdot \frac{\omega_3}{\omega_1} = 10 \times \frac{1}{4} = 2.5 (\mathrm{N \cdot m})$$

M_r 为正值,表明与 M_3 的方向相同(亦为顺时针方向)。

(2)求等效转动惯量 J_e。

根据教程中给出的等效转动惯量计算式可得

$$J_e = J_C \cdot \left(\frac{\omega_3}{\omega_1}\right)^2 = 0.016 \times \left(\frac{1}{4}\right)^2 = 0.001(\text{kg} \cdot \text{m}^2)$$

注意 由此例可见,在不知道机构中任何一构件运动的情况下,只需任意假定一个速度,通过速度分析求出速比 $\frac{\omega_3}{\omega_1}$,即可求出 M_r 和 J_e。应该注意,这里求出的 M_r 和 J_e 是在图示位置下得出的结果。在机构处于不同位置时,速比 ω_3/ω_1 亦会随之变化。所以,尽管 M_3 和 J_C 为常数,但在机构的 1 个运动周期内,折算到等效构件上的 M_r 和 J_e 却是随机构位置不同而改变的变量。

例 11.3 图 11.3 为一车床主传动系统的示意图。电机经速比为 1.475 的一对皮带轮带动 I 轴,通过主轴箱齿轮带动主轴Ⅶ,已知电机转速为 1440r/min,各齿轮的齿数如图所示。设在图示传动路线,且以主轴为等效构件时的等效转动惯量约为 0.5kg·m²。如需要在停车后 3s 内刹住主轴,问等效制动力矩 M_f 至少应等于多少?

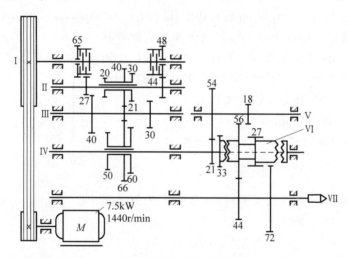

图 11.3 例 11.3 图

解 此系统为定传动比传动,等效力矩、等效转动惯量为常数。根据题意,制动时的初始角速度即为系统稳定运转时主轴的角速度,该角速度可由各轮齿数及电机转数求得

$$n_Ⅶ = 1440 \times \frac{1}{1.475} \times \frac{48 \times 40 \times 56}{44 \times 66 \times 44} = 822(\text{r/min})$$

$$\omega = \frac{2\pi n_Ⅶ}{60} = \frac{2\pi \times 822}{60} = 86(\text{s}^{-1})$$

停车时的主轴角速度为零,故为减速运动,角加速度为负值:

$$\frac{\text{d}\omega}{\text{d}t} = \frac{0 - \omega}{t} = \frac{0 - 86}{3} = -28.67(\text{s}^{-2})$$

此时已知条件变成 $\frac{\text{d}\omega}{\text{d}t}$,制动时,驱动力矩为零,阻力矩 $M_r = M_f$,由教程中所给的力矩形式的运动方程式可得

$$M_f = -J_e \frac{d\omega}{dt} = 0.5 \times 28.67 = 14.34(\text{N} \cdot \text{m})$$

此结果说明,如要在规定的 3s 时间内刹住主轴,至少需要 14.34N·m 的制动力矩。

注意 本题根据题意可先求出主轴的角加速度 $\dfrac{d\omega}{dt}$,故应用力矩形式的机械运动方程式较为方便。本题给定的条件都是比较简单的,如果给定的等效转动惯量和等效力矩不是常数,则需要根据它们的变化规律解运动方程。

例 11.4 某蒸汽机-发电机组的等效力矩如图 11.4(a)所示,等效阻力矩 M_r 为常数,等于等效驱动力矩 M_d 的平均值(7550N·m)。$f_1, f_2, \cdots$ 各块面积所代表的盈亏功的绝对值如表中所示。等效构件的平均转速为 3000r/min,运转速度不均匀系数的许用值 $[\delta] = 1/1000$,忽略其他构件的转动惯量,试计算飞轮的等效转动惯量 J_F,并指出最大、最小角速度出现在什么位置。

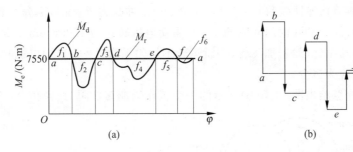

图 11.4 例 11.4 图

面积代号	f_1	f_2	f_3	f_4	f_5	f_6
等效力矩所做功的绝对值/J	1400	1900	1400	1800	930	30

解 当等效力矩为机构位置函数时,飞轮转动惯量的计算公式为

$$J_F = \frac{900[W]}{\pi^2 n^2 [\delta]}$$

因此,本题的关键是如何正确求出最大盈亏功 $[W]$,其解法有以下两种:

(1)根据已知各单元面积所代表的盈亏功,首先求出 M_d 与 M_r 各交点处盈亏功的累积变化量(即 ΔW),见下表。

位置	a	b	c	d	e	f	a
面积代号	0	f_1	f_1-f_2	$f_1-f_2+f_3$	$f_1-f_2+f_3-f_4$	$f_1-f_2+f_3-f_4+f_5$	$f_1-f_2+f_3-f_4+f_5-f_6$
ΔW/J	0	1400	-500	900	-900	30	0

由此可知,b 点处 ΔW 最大,e 点处 ΔW 最小,φ_b 与 φ_e 即为此系统出现 ω_{max} 与 ω_{min} 的位置。最大盈亏功为

$$[W] = \Delta W_{max} - \Delta W_{min} = 1400 - (-900) = 2300(\text{J})$$

(2)用能量指示图求解,具体做法是:根据已知 M_d 和 M_r 所围的各块面积判断其正负(盈功为正、亏功为负),开始可任作一水平线为基线,并选一交点为起始点,然后分别按比例

用垂直向量表示上述面积,向上为正,向下为负,依次首尾相接,如图 11.4(b)所示。图中最高点 b 点和最低点 e 点分别表示机械系统动能最高和最低时的位置,即 ω_{max} 和 ω_{min} 对应的位置。因此,点 b 和 e 间的垂直距离即相当于相应区间内正、负面积代数和的绝对值,故代表最大盈亏功 $[W]$,由图 11.4(b)可知

$$[W] = f_1 + f_5 - f_6 = 1400 + 930 - 30 = 2300 \text{ (J)}$$

与方法(1)计算结果完全相同。将 $[W]$ 代入飞轮转动惯量计算式,可得

$$J_F = \frac{900[W]}{\pi^2 n^2 [\delta]} = \frac{900 \times 2300}{\pi^2 \times 3000^2 \times \frac{1}{1000}} = 23.3 (\text{kg} \cdot \text{m}^2)$$

注意 本题的重点在于说明当等效力矩为机构位置函数时最大盈亏功 $[W]$ 的概念和求法,这是求解飞轮转动惯量的核心。

例 11.5 图 11.5(a)所示为冲床运动简图,在 $h=19\text{mm}$ 厚钢板上冲压直径为 $d=17\text{mm}$ 的孔。材料剪切弹性模数 $G=3.1\times10^8 \text{N/m}^2$。冲孔力 $F=\pi dhG$,每分钟冲孔 20 个,且实际冲孔所需时间为冲孔时间间隔的 1/5。驱动电机转速为 1200r/min。试求:(1)若不加飞轮,电机所需功率?(2)若加飞轮,并设运转不均匀系数 $\delta=0.1$,则电机功率应为多少?(3)飞轮转动惯量应为多少?

解 首先由题意绘出图 11.5(b)所示的一个工作周期工作阻力(冲孔力)的变化规律。

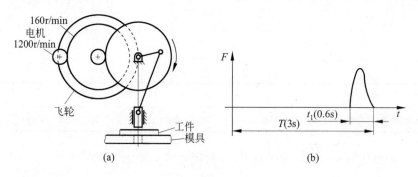

图 11.5 例 11.5 图

(1)由题意知,每分钟冲压 20 次,即冲压间隔 $T=3\text{s}$。而实际冲孔时间

$$t_1 = \frac{1}{5} \times T = \frac{3}{5} = 0.6 (\text{s})$$

(2)最大剪切力

$$F = \pi dhG = \pi \times 0.017 \times 0.019 \times 3.1 \times 10^8$$
$$= 314568 (\text{N})$$

(3)由于 F 的变化曲线近似为三角形,故冲压时阻力所做功为

$$W_r = \frac{1}{2} Fh = \frac{1}{2} \times 314568 \times 0.019 = 2988 (\text{J})$$

(4)无飞轮时电机所需功率

平均功率

$$P_m = \frac{W_r}{1000 t_1} = \frac{2988}{1000 \times 0.6} = 4.98 (\text{kW})$$

瞬时功率

$$P_1 = 2 \times P_m = 9.96 (\text{kW})$$

(5) 安装飞轮时电机所需功率

$$P = \frac{W_r}{1000T} = \frac{2988}{1000 \times 3} = 0.996 (\text{kW})$$

(6) 飞轮转动惯量

冲孔时电机提供的能量应为

$$W = 0.996 \times \frac{3}{5} \times 1000 = 597.6 (\text{J})$$

故飞轮应能释放出的能量(即最大盈亏功$[W]$)

$$[W] = 2988 - 597.6 = 2390.4 (\text{J})$$

飞轮转动惯量为

$$J_F = \frac{90[W]}{n^2 \delta} = \frac{90 \times 2390.4}{160^2 \times 0.1} = 84.04 (\text{kg} \cdot \text{m}^2)$$

从计算结果可以看出,安装飞轮可大大减少电动机的功率,但所需飞轮转动惯量较大,飞轮会很笨重。

注意 该题说明对于在一个工作周期中工作时间很短而峰值载荷很大的机械(如冲床等),可以利用飞轮在非工作时间所储存的能量来帮助克服其尖峰载荷,从而可以选用较小功率的原动机来拖动,进而达到降低能耗的目的。

11.4 复习思考题

1. 一般机械的运转过程分为哪3个阶段?在这3个阶段中,输入功、总耗功、动能及速度之间的关系各有什么特点?

2. 为什么要建立机器等效动力学模型?建立时应遵循的原则是什么?

3. 在机械系统的真实运动规律尚属未知的情况下,能否求出其等效力矩和等效转动惯量?为什么?

4. 机械的运转为什么会有速度波动?为什么要调节机械速度的波动?

5. 飞轮的调速原理是什么?为什么说飞轮在调速的同时还能起到节约能源的作用?

6. 何谓机械运转的"平均速度"和"不均匀系数"?

7. 飞轮设计的基本原则是什么?为什么飞轮应尽量装在机械系统的高速轴上?系统装上飞轮后是否可以得到绝对的匀速运动?

8. 何谓最大盈亏功?如何确定其值?

9. 如何确定机械系统一个运动周期最大角速度 ω_{max} 与最小角速度 ω_{min} 所在位置?

10. 什么机械会出现非周期性速度波动?如何进行调节?

11. 机械系统在加飞轮前后的运动特性和动力特性有何异同(比较主轴的 ω_m, ω_{max},选用的原动机功率、启动时间、停车时间,系统中主轴的运动循环周期、系统的总动能)?

12. 机械的自调性及其条件是什么?

13. 离心调速器的工作原理是什么?

11.5　自　测　题

11-1　选择题。请将所选答案前方的字母填写在题后的括号内。

(1) 在机械系统的启动阶段,系统的动能_____,并且_____。(　　)

　　A. 减少　输入功大于总消耗功　　　　B. 增加　输入功大于总消耗功

　　C. 增加　输入功小于总消耗功　　　　D. 不变　输入功等于零

(2) 在研究机械系统动力学问题时,常采用等效力(或力矩)来代替作用在系统中的所有外力,它是按_____的原则确定的。(　　)

　　A. 做功相等　　　　　　B. 动能相等

(3) 为了减小机械运转中周期性速度波动的程度,应在机械中安装_____。(　　)

　　A. 调速器　　　　　B. 飞轮　　　　　　C. 变速装置

(4) 在机械系统速度波动的一个周期中的某一时间间隔内,当系统出现_____时,系统的运动速度_____,此时飞轮将_____能量。(　　)

　　A. 亏功　减小　释放　　　　B. 亏功　加快　释放

　　C. 盈功　减小　储存　　　　D. 盈功　加快　释放

(5) 在机械系统中安装飞轮后可使其周期性速度波动_____。(　　)

　　A. 消除　　　　　　B. 减小

(6) 若不考虑其他因素,单从减轻飞轮的重量上看,飞轮应安装在_____。(　　)

　　A. 高速轴上　　　　B. 低速轴上　　　　C. 任意轴上

11-2　问答题。

(1) 为什么机械系统中会出现速度波动? 如果速度波动过大,会产生什么后果?

(2) 速度波动的形式有哪几种? 各用什么办法来调节?

(3) 何谓机械运转的"平均转速"和"运转不均匀系数"? $[\delta]$ 是否选得越小越好?

(4) 飞轮设计的基本问题是什么? 如何确定最大盈亏功?

11-3　在如图 11.6 所示提升机械中,已知:$z_1=60,z_2=20,z_{2'}=25,z_3=15,z_4=30,z_5=40$。卷筒 $5'$ 的半径 $R=200$mm,重物的重量 $G=50$N,齿轮 1,4,5 对轮心的转动惯量各为:$J_1=0.2$kg·m²,$J_4=0.1$kg·m²,$J_5=0.3$kg·m²,其余各构件转动惯量不计。试求以构件 1 为等效构件时其等效阻力矩 M_r 和等效转动惯量 J_e。

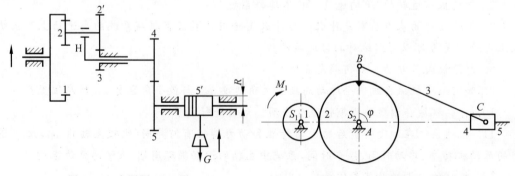

图 11.6　自测题 11-3 图　　　　　　图 11.7　自测题 11-4 图

11-4 图 11.7 所示为推钢机运动简图,齿轮 1,齿轮 2 的齿数分别为 $z_1=20$, $z_2=40$, $l_{AB}=0.1$m, $l_{BC}=0.25$m, $\varphi=90°$,滑块质量 $m_4=50$kg,构件 2 绕轴 A 的转动惯量 $J_{S2}=1$kg·m²,忽略其他构件的质量和转动惯量,作用在轮 1 上的驱动力矩 $M_1=50$N·m。设机构在图示位置启动,求启动时轮 1 的角加速度 ε_1。

11-5 在图 11.8(a)所示的剪床机构中,作用在 O_2 轴上的阻力矩 M_2 的变化规律如图 11.8(b)所示。O_2 轴的转速 $n_2=60$r/min,大齿轮的转动惯量 $J_2=29.2$kg·m²,小齿轮转动惯量忽略不计。(1)保证不均匀系数 $\delta=0.04$ 时,求应在 O_2 轴上所加飞轮的转动惯量 J_{F_2};(2)当 $z_1=22$, $z_2=85$ 时,若将飞轮装在 O_1 轴上,求其转动惯量 J_{F_1}。

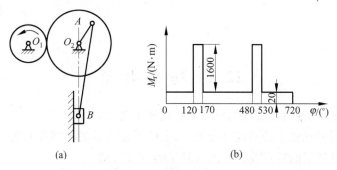

图 11.8 自测题 11-5 图

11-6 图 11.9(a)所示为一曲柄压力机传动系统,已知以曲柄为等效构件时的等效阻力矩 M_{er} 变化规律如图 11.9(b)所示,电机驱动力矩 M_d 为常数,电机轴 A 的平均角速度为 60rad/s。小带轮对 A 轴(电机轴)的转动惯量 $J_1=0.025$kg·m²,直径 $D_1=100$mm,大带轮对 B 轴(曲柄轴)的转动惯量 $J_2=1.2$kg·m²,直径 $D_2=400$mm,其余构件转动惯量忽略不计。曲柄轴运转周期为 2π,工作要求曲柄的速度不均匀系数 δ 不大于 0.05。

(1) 在图 11.9(b)中标出曲柄转速最大的位置,并说明原因。

(2) 此系统是否满足曲柄速度不均匀系数 δ 不大于 0.05 的要求?为什么?试分析说明。

(3) 如果不满足要求,应采取什么措施?从尽可能减小系统质量和尺寸的角度出发,给出该措施的具体设计结果。

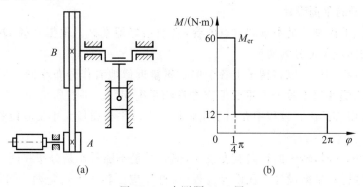

图 11.9 自测题 11-6 图

机械的平衡

12.1 基本要求

(1) 了解机械平衡的目的及其分类,掌握机械平衡的方法。

(2) 熟练掌握刚性转子的平衡设计方法,了解平衡试验的原理及方法。

(3) 了解挠性转子的特点及其与刚性转子的主要区别。

(4) 掌握平面机构摆动力平衡的方法,学会用质量静替代法计算平衡质量。

12.2 重点、难点提示与辅导

机械平衡的目的是要尽可能地消除或减小惯性力对机械的不良影响。为达到此目的,通常需要做两方面的工作:首先,在机械的设计阶段,对所设计的机械在满足其工作要求的前提下,应在结构上保证其不平衡惯性力最小或为零,即进行平衡设计;其次,经过平衡设计后的机械,由于材质不均、加工及装配误差等因素的影响,生产出来的机械往往达不到设计要求,还会有不平衡现象,此时需要用试验的方法加以平衡,即进行平衡试验。

本章的重点是刚性转子的平衡设计和用质量静替代法对平面机构进行机构摆动力的平衡设计。

1. 刚性转子的平衡设计

刚性转子的平衡设计是本章的重点内容,必须很好地掌握。根据直径 D 与轴向宽度 b 之比的不同,刚性转子可分为两类:

(1) 当 $D/b \geqslant 5$ 时,可以将转子上各个偏心质量近似地看作分布在同一回转平面内,**其惯性力的平衡问题实质上是一个平面汇交力系的平衡问题。**平衡质量 m_b 的求解方法既可用图解法,也可用解析法。教程中介绍了用解析法求解平衡质量大小及方位的方法,要求读者熟练掌握。

(2) 当 $D/b < 5$ 时,转子的轴向宽度较大,偏心质量不能看作是分布在同一回转平面内,这时转子需要进行动平衡设计。在设计过程中,首先应在转子上选定两个可添加平衡质量的、且与离心惯性力平行的平面作为平衡平面,然后运用平行力系分解的原理将各偏心质量所产生的离心惯性力分解到这两个平衡平面上。**这样就把一个空间力系的平衡问题转化为**

两平衡平面内的平面汇交力系的平衡问题。

需要指出的是：在求解出平衡质量之后，设计工作并未完成，还需要在该零件图的相应位置上添加上这一平衡质量，或在其相反方向上减去这一平衡质量，才算完成了平衡设计的任务。

2. 刚性转子的平衡试验

经过平衡设计后生产出来的转子，由于材质不均匀、加工及装配误差等原因，还会存在不平衡现象，通常还需要进行平衡试验。

当 $D/b \geqslant 5$ 时，可在平衡架上进行静平衡试验。

当 $D/b < 5$ 时，则需要在动平衡机上进行动平衡试验。

绝对平衡的转子是不存在的，在实际工作中过高的要求也是不必要的，所以应根据实际工作的要求适当地选定转子的平衡品质，并由此得出许用偏心距或许用质径积。

实际运转中的转子在通过平衡设计及平衡试验后，它的偏心距或质径积应小于其许用偏心距或许用质径积。这时，即可保证转子安全运转。

3. 机构的平衡

对于存在有平面运动和往复运动构件的一般平面机构，它们的惯性力和惯性力矩不能在构件内部平衡。为了消除机构惯性力和惯性力矩所引起的机构在机座上的振动，需要将机构中各运动构件视为一个整体系统进行平衡。这一工作通常称为机构在机座上的平衡，也称为机构摆动力和摆动力矩的平衡。在学习本章时，只要求读者掌握平面机构（主要是四杆机构）摆动力的平衡方法，了解机构摆动力完全平衡和部分平衡的特点以及质量静替代法、对称机构平衡法等平衡方法的原理和适用场合。**重点应学会用质量静替代法计算平衡质量来进行机构摆动力的平衡设计。**

12.3 典型例题分析

例 12.1 图 12.1 所示为一装有皮带轮的滚筒轴。已知：皮带轮上有一不平衡质量 $m_1 = 0.5\text{kg}$，滚筒上具有 3 个不平衡质量 $m_2 = m_3 = m_4 = 0.4\text{kg}$，$r_1 = 80\text{mm}$，$r_2 = r_3 = r_4 = 100\text{mm}$，各不平衡质量的分布如图所示，试对该滚筒轴进行平衡设计。

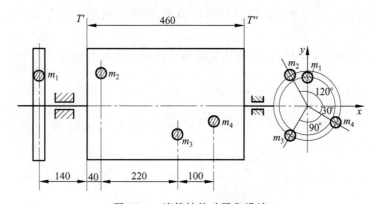

图 12.1 滚筒轴的动平衡设计

解 (1)由题意可知:该滚筒轴的轴向宽度较大,各个不平衡质量的分布不在同一回转平面内,因此应对其进行动平衡设计。为了使滚筒轴达到动平衡,必须选择两个平衡平面,并在两平衡平面内各加一个合适的平衡质量。本题中,选择滚筒轴的两个端面 T', T'' 作为平衡平面。

(2)根据平行力的合成与分解原理,将各偏心质量 m_1, m_2, m_3 及 m_4 分别分解到平衡平面 T', T'' 内。

在平面 T' 内,

$$m_1' = \frac{l_1''}{l} m_1 = \frac{460 + 140}{460} \times 0.5 = 0.652(\text{kg})$$

$$m_2' = \frac{l_2''}{l} m_2 = \frac{460 - 40}{460} \times 0.4 = 0.365(\text{kg})$$

$$m_3' = \frac{l_3''}{l} m_3 = \frac{460 - 40 - 220}{460} \times 0.4 = 0.174(\text{kg})$$

$$m_4' = \frac{l_4''}{l} m_4 = \frac{460 - 40 - 220 - 100}{460} \times 0.4 = 0.087(\text{kg})$$

在平面 T'' 内,

$$m_1'' = \frac{l_1'}{l} m_1 = \frac{140}{460} \times 0.5 = 0.152(\text{kg})$$

$$m_2'' = \frac{l_2'}{l} m_2 = \frac{40}{460} \times 0.4 = 0.035(\text{kg})$$

$$m_3'' = \frac{l_3'}{l} m_3 = \frac{40 + 220}{460} \times 0.4 = 0.226(\text{kg})$$

$$m_4'' = \frac{l_4'}{l} m_4 = \frac{40 + 220 + 100}{460} \times 0.4 = 0.313(\text{kg})$$

(3)确定平衡平面 T', T'' 内各偏心质量的方向角

各偏心质量的方向角指的是其向径 r_i 与 x 轴方向的夹角,从 x 轴正方向度量,逆时针方向为正。

$$\theta_1' = -\theta_1'' = \theta_1 = 90°, \quad \theta_2' = \theta_2'' = \theta_2 = 120°$$

$$\theta_3' = \theta_3'' = \theta_3 = 240°, \quad \theta_4' = \theta_4'' = \theta_4 = 330°$$

注意 由于偏心质量 m_1 位于平衡平面 T', T'' 的左侧,故将其产生的离心惯性力 $\boldsymbol{F}_1$ 分解到平面 T', T'' 内时,$\boldsymbol{F}_1'$ 与 $\boldsymbol{F}_1$ 的方向相同,$\boldsymbol{F}_1''$ 与 $\boldsymbol{F}_1$ 的方向相反。因此,$\boldsymbol{r}_1' = \boldsymbol{r}_1, \boldsymbol{r}_1'' = -\boldsymbol{r}_1$,亦即 $\theta_1' = \theta_1, \theta_1'' = -\theta_1$。

(4)计算平衡平面 T', T'' 内,平衡质量的质径积的大小及方向角

$$m_b' r_b' = \sqrt{\left(-\sum_{i=1}^{4} m_i' r_i \cos\theta_i' \right)^2 + \left(-\sum_{i=1}^{4} m_i' r_i \sin\theta_i' \right)^2}$$

$$= \sqrt{19.42^2 + (-64.35)^2} = 67.22(\text{kg} \cdot \text{mm})$$

$$\theta_b' = \arctan\left(\frac{-\sum_{i=1}^{4} m_i' r_i \sin\theta_i'}{-\sum_{i=1}^{4} m_i' r_i \cos\theta_i'} \right) = \arctan\left(\frac{-64.35}{19.42} \right) = 286.79°$$

$$m''_b r''_b = \sqrt{\left(-\sum_{i=1}^{4} m''_i r_i \cos\theta''_i\right)^2 + \left(-\sum_{i=1}^{4} m''_i r_i \sin\theta''_i\right)^2}$$

$$= \sqrt{(-14.06)^2 + 44.35^2} = 46.53(\text{kg} \cdot \text{mm})$$

$$\theta''_b = \arctan\left|\frac{-\sum_{i=1}^{4} m''_i r_i \sin\theta''_i}{-\sum_{i=1}^{4} m''_i r_i \cos\theta''_i}\right| = \arctan\left(\frac{44.35}{-14.06}\right) = 107.59°$$

（5）确定平衡质量的向径大小 r'_b, r''_b，并计算平衡质量 m'_b, m''_b

设 $r'_b = r''_b = 100\text{mm}$，则平衡平面 T', T'' 内应增加的平衡质量分别为

$$m'_b = \frac{m'_b r'_b}{r'_b} = \frac{67.22}{100} = 0.6722\text{kg}$$

$$m''_b = \frac{m''_b r''_b}{r'_b} = \frac{46.53}{100} = 0.4653\text{kg}$$

注意　上述计算出的平衡质量的方位均为增加质量时的方位，如需去除质量应在所求方向角上加上 180°。

（6）根据计算结果，在设计图的相应位置添加（或减少）相应平衡质量，即可完成平衡设计。

例 12.2　在图 12.2 所示的铰链四杆机构中，已知：$l_{AB} = 120\text{mm}, l_{BC} = 400\text{mm}, l_{CD} = 280\text{mm}, l_{DA} = 450\text{mm}$，各杆的质量及质心 S_1, S_2, S_3 的位置分别为 $m_1 = 0.1\text{kg}, l_{AS_1} = 75\text{mm}; m_2 = 0.8\text{kg}, l_{BS_2} = 200\text{mm}; m_3 = 0.4\text{kg}, l_{DS_3} = 150\text{mm}$。试对该机构进行平衡设计，以使其运转时机构摆动力完全平衡。

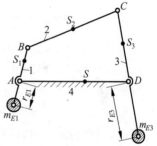

图 12.2　铰链四杆机构的摆动力平衡

解　为了使该机构摆动力完全平衡，既可采用质量静替代法，也可采用对称机构平衡法。本题采用质量静替代法，通过在两连架杆 BA 和 CD 延长线上各加一个平衡质量使其达到完全平衡。设 $r_{E1} = 100\text{mm}, r_{E3} = 200\text{mm}$，求得 m_{E1}, m_{E3}，并求出机构平衡后的总质量 m 及总质心位置 S。解题步骤如下：

（1）用质量静替代的方法将构件 $1,2,3$ 的质量分别代替到铰链 A, B, C, D 的中心上，得

$$m_{1A} = \frac{l_{BS_1}}{l_{AB}} m_1 = \frac{(120-75)}{120} \times 0.1 = 0.0375(\text{kg})$$

$$m_{1B} = \frac{l_{AS_1}}{l_{AB}} m_1 = \frac{75}{120} \times 0.1 = 0.0625(\text{kg})$$

$$m_{2B} = \frac{l_{CS_2}}{l_{BC}} m_2 = \frac{200}{400} \times 0.8 = 0.4(\text{kg})$$

$$m_{2C} = \frac{l_{BS_2}}{l_{BC}} m_2 = \frac{200}{400} \times 0.8 = 0.4(\text{kg})$$

$$m_{3C} = \frac{l_{DS_3}}{l_{CD}} m_3 = \frac{150}{280} \times 0.4 = 0.214(\text{kg})$$

$$m_{3D} = \frac{l_{CS_3}}{l_{CD}} m_3 = \frac{(280 - 150)}{280} \times 0.4 = 0.186 (\text{kg})$$

$$m_B = m_{1B} + m_{2B} = 0.4 + 0.0625 = 0.4625 (\text{kg})$$

$$m_C = m_{2C} + m_{3C} = 0.4 + 0.214 = 0.614 (\text{kg})$$

(2) 求加在曲柄 1 及摇杆 3 上的平衡质量 m_{E1} 及 m_{E3}。

为平衡 m_B 所产生的惯性作用,应有

$$m_{E1} r_{E1} = m_B l_{AB}$$

$$m_{E1} = \frac{m_B l_{AB}}{r_{E1}} = \frac{0.4625 \times 120}{100} = 0.555 (\text{kg})$$

同理,为平衡 m_C 所产生的惯性作用,应有

$$m_{E3} r_{E3} = m_C l_{CD}$$

$$m_{E3} = \frac{m_C l_{CD}}{r_{E3}} = \frac{0.614 \times 280}{200} = 0.860 (\text{kg})$$

(3) 求机构总质心 S 的位置。

A 点的质量

$$m_A = m_{1A} + m_B + m_{E1} = 0.0375 + 0.4625 + 0.555 = 1.055 (\text{kg})$$

D 点的质量

$$m_D = m_C + m_{3D} + m_{E3} = 0.614 + 0.186 + 0.860 = 1.66 (\text{kg})$$

$$l_{AS} : l_{DS} = m_D : m_A = \frac{1.66}{1.055} = 1.57$$

$$450 - l_{DS} = 1.57 l_{DS}$$

$$l_{DS} = 175 \text{mm}$$

(4) 求机构的总质量

$$m = m_A + m_D = 1.055 + 1.66 = 2.715 (\text{kg})$$

因此,当机构运动时,机构的总质心处于 S 点静止不动,此时该机构达到摆动力的完全平衡。

该机构也可通过加平衡机构的方法使其摆动力完全平衡,具体作法请读者思考。

12.4　复习思考题

1. 机械平衡的目的是什么? 造成机械不平衡的原因可能有哪些?

2. 机械平衡分为哪几类? 何谓刚性转子与挠性转子?

3. 对于做往复移动或平面运动的构件,能否在构件本身将其惯性力平衡?

4. 机械的平衡包括哪两种方法? 它们的目的各是什么?

5. 刚性转子的平衡设计包括哪两种设计? 它们各需要满足的条件是什么?

6. 经过平衡设计后的刚性转子,在制造出来后是否还要进行平衡试验? 为什么?

7. 在工程上规定许用不平衡量的目的是什么? 为什么绝对的平衡是不可能的?

8. 什么是平面机构摆动力的完全平衡法? 它有何特点?

9. 什么是平面机构摆动力的部分平衡法? 为什么要这样处理?

12.5　自　测　题

12-1　判断题(对的填"√",错的填"×")

(1) 不论刚性转子上有多少个不平衡质量,也不论它们如何分布,只需在任意选定的两个平衡平面内,分别适当地加一平衡质量,即可达到动平衡。(　　)

(2) 经过平衡设计后的刚性转子,可以不进行平衡试验。(　　)

(3) 刚性转子的许用不平衡量可用质径积或偏心距表示。(　　)

12-2　填空题

(1) 机械平衡的方法包括_____,_____,前者的目的是为了_____,后者的目的是为了_____。

(2) 刚性转子的平衡设计可分为两类:一类是_____,其质量分布特点是_____,平衡条件是_____;另一类是_____,其质量分布特点是_____,平衡条件是_____。

(3) 静平衡的刚性转子_____是动平衡的,动平衡的刚性转子_____是静平衡的。

(4) 平面机构摆动力平衡的条件是_____。

12-3　图 12.3 所示的两根曲轴结构中,已知 $m_1 = m_2 = m_3 = m_4 = m$, $r_1 = r_2 = r_3 = r_4 = r$, $l_{12} = l_{23} = l_{34} = l$,且曲柄错开位置如图所示,试判断何者为静平衡设计,何者为动平衡设计。

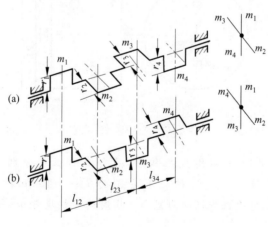

图 12.3　自测题 12-3 图

12-4　图 12.4 所示的盘形转子,已知其外径 D 和宽度之比 $D/b > 5$,转子的质量为 250kg。由于转子存在着不平衡质量,需对其作平衡设计。因结构原因,仅能在 Ⅰ、Ⅱ 两平面内相互垂直的方向上安装平衡质量使其达到静平衡。已知 $l = 80\text{mm}$, $l_1 = 30\text{mm}$, $l_2 = 20\text{mm}$, $l_3 = 20\text{mm}$;各平衡质量的大小和回转半径分别为:$m_1 = 0.8\text{kg}$, $r_{\text{I}} = 500\text{mm}$;$m_2 = 0.6\text{kg}$, $r_{\text{II}} = 500\text{mm}$。

(1) 试求该转子原来的不平衡质径积大小和方向及质心 S 的偏移量。

(2) 经过这样的平衡设计,能否完全满足动平衡要求。

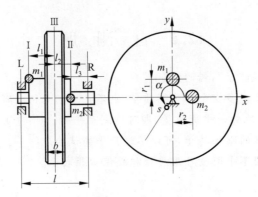

图 12.4 自测题 12-4 图

(3) 当转子以 1000r/min 转动时,左右两支承的动反力在校正前、后各为多少?

12-5 在图 12.5 所示的刚性转子中,已知各个不平衡质量、向径、方位角以及所在回转平面的位置分别为 $m_1 = 12\text{kg}$, $m_2 = 20\text{kg}$, $m_3 = 21\text{kg}$; $r_1 = 20\text{mm}$, $r_2 = 15\text{mm}$, $r_3 = 10\text{mm}$; $\alpha_1 = 60°$, $\alpha_2 = 90°$, $\alpha_3 = 30°$; $L_1 = 50\text{mm}$, $L_2 = 80\text{mm}$, $L_3 = 160\text{mm}$。该转子选定的两个平衡平面 T' 和 T'' 之间距离 $L = 120\text{mm}$,应加配重的向径分别为 $r'_b = 30\text{mm}$ 和 $r''_b = 40\text{mm}$。求应加配重的质量 m'_b 和 m''_b 以及它们的方位角 θ'_b 和 θ''_b。

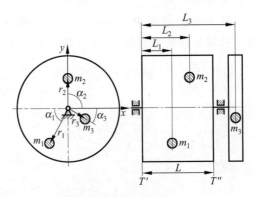

图 12.5 自测题 12-5 图

12-6 在图 12.6 所示曲柄滑块机构中,已知各杆长度分别为 $l_{AB} = 100\text{mm}$, $l_{BC} = 300\text{mm}$,曲柄和连杆的质心 S_1, S_2 的位置分别为 $l_{AS_1} = 100\text{mm} = l_{BS_2}$,滑块 3 的质量 $m_3 = 0.4\text{kg}$,试求此曲柄滑块机构摆动力完全平衡时的曲柄质量 m_1 和连杆质量 m_2 的大小。

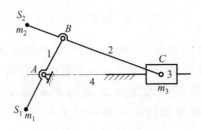

图 12.6 自测题 12-6 图

下篇 机械系统的方案设计

一个机电产品或一个机械系统的设计，通常包括以下 4 个阶段，即初期规划设计阶段、总体方案设计阶段、结构技术设计阶段和生产施工设计阶段。其中总体方案设计是关键的一步，它对于机械性能的优劣及其在市场上的竞争力具有决定性的作用，直接关系到机械的全局和设计的成败。因此，机械系统总体方案设计在整个机械设计中占有极其重要的地位。

本篇首先介绍机械系统方案设计在整个机械设计过程中所处的地位，然后介绍机械系统方案设计的设计内容、设计过程、设计思想和设计方法。全篇包括机械总体方案的设计、机械执行系统的方案设计、机械传动系统的方案设计及原动机的选择等内容。

鉴于机械执行系统的方案设计是机械系统方案设计中最具创造性的工作，本篇对机械执行系统方案设计的过程及其创新设计方法作了重点介绍。主要包括执行系统的功能原理设计、执行系统的运动规律设计、执行机构的型式设计、执行系统的协调设计、执行系统的方案评价与决策等。

通过本篇的学习，读者应在了解机械系统方案设计的设计过程和设计思想的基础上，重点掌握机械执行系统和传动系统方案设计的基本思路和方法。

13 机械系统总体方案设计

13.1 基本要求

（1）了解机械系统设计的整个过程。

（2）明确总体方案设计阶段的设计任务，掌握各设计项目的设计内容和要求。

（3）了解总体方案设计中应具有的现代设计观念、系统工程观念和工程设计观念。

（4）逐步学会在总体方案设计的整个过程尤其是执行系统、传动系统的方案设计的过程中，正确、灵活地运用这些设计思想。

13.2 重点、难点提示与辅导

任何一个机械产品的设计都需要经过初期规划设计阶段、总体方案设计阶段、结构技术设计阶段和生产施工设计阶段。通过本章的学习，**要求读者在了解机械系统设计全过程的基础上，重点掌握机械总体方案设计阶段的设计内容和设计思想**。

1. 机械总体方案设计阶段的设计内容

机械总体方案设计是机械产品设计中十分重要的一环，产品的功能是否齐全、性能是否优良，在很大程度上取决于总体方案设计阶段的工作。它主要包括以下内容：

（1）执行系统的方案设计。执行系统的方案设计是机械总体方案设计的核心。它对机械系统能否实现预期的功能以及工作质量的优劣和产品在市场上的竞争力，都起着决定性的作用。它主要包括：根据机械预期实现的功能要求，构思合适的工作原理；根据工作原理所提出的工艺过程的特点，设计合适的运动规律；根据执行构件的运动规律，设计执行机构的型式；进行各执行机构间的协调配合设计；对方案进行评价和决策等。

（2）传动系统的方案设计。传动系统方案设计是机械总体方案设计的重要组成部分。当完成了执行系统方案设计和原动机的预选型后，即可根据执行系统所需要的运动和动力条件及初选的原动机的类型和性能参数，进行传动系统的方案设计了。它主要包括：确定传动系统的总传动比；选择合适的传动类型；拟定传动链的布置方案；分配各级传动比；确定各级传动机构的基本参数；对方案进行评价和决策等。

（3）在方案评价的基础上，进行方案决策，绘制机械总体方案运动简图，并编写设计计算说明书。

2. 机械总体方案设计阶段的设计思想

要创造性地完成总体方案的设计工作,设计者的设计思想至关重要。本章简要介绍了现代设计思想、系统工程思想和工程设计思想的概念和内涵,读者应在学习和实践的过程中逐步加深对这些设计思想的理解,并学会在执行系统方案设计和传动系统方案设计中正确、灵活地运用这些设计思想。**特别要注意掌握现代设计与传统设计的区别,以避免陷入传统的经验性、狭窄的专业范围、定型的思维方式、主观的直接决策和过早地进入封闭的常规设计**。需要指出的是,现代设计的观念是随着科学技术的发展不断变化的,读者应在学习和工作过程中密切注视有关科学技术的发展动向,不断拓宽自己的知识视野,同时注意收集日常生活和学习过程中接触到的各种产品的设计实例(不一定只局限于机械产品),从而了解是什么样的设计思想促使了产品的开发和改型。

13.3　复习思考题

1. 当决定开发某个新产品,确定其设计任务书前,作经济、技术和市场各方面的调查和预测有何必要?

2. 请自选一个产品拟定一个调查书,列出调查项目和调查要求,并拟定一个汇报提纲,以论证产品开发的必要性和可行性。

3. 总体方案设计包括哪几个步骤? 结合具体机械系统的设计进行说明。说明各步骤的作用,并说明是否每个产品都需要这些步骤?

4. 结合实例说明现代设计与传统设计有哪些区别?

5. 单一机构或组合机构的设计与机械系统的设计只是在简单与复杂程度上的区别吗? 如何运用系统工程的观念来对待机械系统的设计?

*6. 通过第 14、15 章的学习,你认为在执行系统、传动系统的方案设计中,哪些环节的设计体现了现代设计思想、系统工程的思想和工程设计的思想?

带 * 号的问题可在全书学完后,总复习时再思考。

14 机械执行系统的方案设计

14.1 基 本 要 求

（1）了解机械执行系统方案设计的过程和具体的设计内容。

（2）实现同一功能要求，可以采用不同的工作原理，从而得出不同的设计方案。了解根据机械预期实现的功能要求，进行功能原理构思的基本思路。

（3）实现同一工作原理，可以采用不同的工艺动作分解方法，从而设计出不同的运动规律，得到不同的设计方案。逐步学会根据工作原理提出的工艺动作要求，进行工艺动作分解，构思出合适的运动规律的方法。

（4）实现同一运动规律，可以采用不同的机构型式，从而得到不同的设计方案。掌握执行机构型式的设计原则，学会运用选型和构型的方法进行执行机构型式的创新设计。

（5）了解执行系统协调设计的目的和原则，掌握机械运动循环图的绘制方法，了解运动循环图的功能。

（6）了解方案评价的意义、评价指标和评价方法，逐步学会根据具体的产品设计问题，确定方案评价体系和选择合适的评价方法，对方案进行评价与决策。

14.2 重点、难点提示与辅导

机械执行系统的方案设计，包括功能原理设计、运动规律设计、执行机构的型式设计、执行系统的协调设计、执行机构的尺度设计、方案的评价与决策等内容。执行系统方案设计的好坏，对机械系统能否完成预期的工作任务，以及工作质量的优劣和产品在国际市场上的竞争能力都起着决定性的作用，因此，它是机械系统总体方案设计的核心，也是本课程学习的重点章节。

执行系统的方案设计是整个机械设计过程中最具创造性的工作。了解机械执行系统方案设计的内容和全过程，掌握执行系统方案设计的具体方法，通过学习培养创新意识和创新设计能力，是本章学习的重点。

1. 功能原理设计

任何产品的设计，都是为了实现某种预期的功能要求。所谓功能原理设计，就是根据机械预期实现的功能要求,构思合适的工作原理来实现这一功能要求。它是机械执行系统方案设计的第一步,也是十分重要的一步。

实现同一功能要求,可以有许多不同的工作原理。选择的工作原理不同,执行系统的方案也必然不同,必有优、劣、繁、简之分。**功能原理设计的任务,就是根据预期实现的机械功能,构思出所有可能的功能原理,加以分析比较,从中选择出既能很好地满足功能要求,工艺动作又简单的工作原理。**

功能原理设计是一项极富创造性的工作。要创造性地完成功能原理设计,不仅需要丰富的专业知识,还需要丰富的实践经验。这需要读者通过设计实践不断积累。本章的学习只是提供这方面的一些入门知识。读者应结合教程中给出的实例和介绍的若干常用的创新设计方法,加深对功能原理设计多解性的认识。这里要特别强调培养发散思维方式的重要性,因为没有发散思维,就很难有新的发现。在功能原理设计中,有些功能依靠纯机械装置是难以实现的,读者切忌将思路仅仅局限在机构上,而应尽量采用先进、简单的技术。

2. 运动规律设计

实现同一工作原理,可以采用不同的运动规律。选择的运动规律不同,执行系统的方案也必然不同。**运动规律设计的任务,就是根据工作原理所提出的工艺要求,构思出能够实现该工艺要求的各种运动规律,然后从中选取最为简单适用的运动规律,作为机械的运动方案。**

运动规律设计通常是通过对工艺动作进行分析,将其分解成若干个基本动作来进行的。工艺动作分解的方法不同,所形成的运动方案也不相同。它们在很大程度上决定了机械的特点、性能和复杂程度。教程中通过 3 个实例说明了工艺动作分解的过程和方法,读者应结合这些实例,加深对运动规律设计多解性的认识。

同功能原理设计一样,运动规律设计也是一项具有创造性的工作。教程中介绍的仿生法和思维扩展法,只是常用的两种方法,介绍它们的目的在于开阔读者的思路。至于其他创新方法,读者可通过阅读参考文献和参加工程实践不断积累。

3. 执行机构的型式设计

实现同一种运动规律,可以采用不同型式的机构,从而得到不同的方案。**执行机构的型式设计的任务,就是根据各基本动作或功能的要求,选择或构思出所有能实现这些动作或功能的机构,从中找出最佳方案。**

执行机构型式设计的优劣,将直接影响到机械的工作质量、使用效果和结构的繁简程度。它是机械执行系统方案设计中举足轻重的一环,也是一项极具创造性的工作。

这部分内容既是本章的重点,也是本章的难点。要求读者通过学习教程中的有关内容和完成习题中的具体设计题目,熟练掌握。

1) 执行机构型式设计的原则

关于执行机构型式设计的原则,教程中列出了 8 条,这 8 条原则大体可分为两类:第一类是设计时必须满足的要求,如满足执行构件的工艺动作和运动要求;使机械具有良好的传力条件和动力特性;保证机械的安全运转等。这类原则通常表现为设计任务书中的硬指标,是进行机构型式设计时必须予以考虑、不能打折扣的。第二类是机构型式设计的一般原则,如尽量简化和缩短运动链;尽量选择较简单的机构;尽量减小机构的尺寸;选择合适的运动副形式等。这类原则通常对各种机械产品的设计都适用,但不可能在每次设计中都面面俱到,使每条原则都达到其高标准。**在对某一具体的执行系统进行机构型式设计时,应根据设计对象的具体情况,综合考虑,统筹兼顾,抓住主要矛盾,有所侧重。**

需要指出的是,上述原则中,有些是互相制约的,有时甚至是互相矛盾的。例如,尽量简化和缩短运动链和尽量减小机构尺寸这两条原则,有时就会产生矛盾,不可能使其均得到满足。教程中图 14.11 所示的情况就说明了这一问题:图 14.11(b)和(c)与(a)相比,机构的横向尺寸大大减小了,但带来的问题是机构的复杂化。所以,在进行执行机构型式设计时,一定要根据设计对象的具体要求,抓住主要矛盾。

读者在学习这部分内容时,应在理解的基础上记住这些原则,并在具体的设计工作中加以运用。

2) 执行机构型式设计的方法

执行机构型式设计的方法有两大类,即机构的选型和机构的构型。前者是指通过发散思维,将前人已创造发明的数以千计的各种机构按照运动特性或动作功能的分解与组合原理进行分类,然后根据设计对象中执行构件所需要的运动特性或动作功能进行搜索、比较和选择,得到执行机构的合适型式;后者是指通过选型所得到的机构或不能完全满足预期要求,或虽能实现功能要求但存在较多缺点,此时可先从常用机构中选择一种功能和原理与工作要求相近的机构作为基本机构,然后在此基础上通过扩展、组合、变异等方法,重新构筑机构的型式。选型和构型既有区别,又有联系。

(1) 机构的选型

这是目前进行执行机构型式设计最常采用的方法,也是要求读者熟练掌握的内容。关于选型的方法,教程中介绍了两种:其一,是按照执行构件所需的运动特性进行机构选型。这种方法是通过发散思维,将具有相同运动特性的机构汇编在一起,然后按照执行构件所需的运动特性进行搜索。当有多种机构均可满足所需要求时,通过分析比较,选择较优的机构。该方法方便、直观,使用普遍。对于已学习了教程中前 9 章内容的读者来说,头脑中已经积累了各种机构。在这一阶段,重点是要学会采用发散思维的方法,将这些机构按照运动特性来分类。其二,是按照动作功能分解与组合原理进行机构选型。这种方法是通过把总功能分解为若干分功能,建立所谓"功能-技术矩阵",然后在矩阵的每一行中任选一个元素,把各行中找出的机构组合起来,得到能实现总体功能的方案,它为设计者寻求多种可供分析和选择的方案提供了一条有效的途径。由于该方法的表达模式有利于用计算机存储、分析和选择,因此具有广阔的应用前景。该方法较前一种方法具有更大的难度,要求读者在熟悉"功能-技术矩阵"含义的基础上,结合教程中给出的精锻机主机构的选型实例,了解这种方法,并逐步通过做习题掌握这种方法。

需要指出的是,无论采用哪种方法进行机构选型,都离不开设计者的经验和直觉知识,设计者只有在熟悉现有各种机构的运动特性和功能的基础上,才能通过类比选择出合适的机构型式。**只要所选的机构能够实现预期的工作要求,结构简单、性能优良,且用得巧妙,其本身也是一种创新。**

(2) 机构的构型

同选型相比,构型更具创造性。机构的构型方法很多,教程中介绍了扩展、组合和变异3 种常用方法,并结合干粉压片机上冲头主加压机构的型式设计,具体说明了这 3 种方法的应用。读者应结合这一例题进一步了解选型与构型之间的区别与联系,并掌握构型的 3 种常用方法。

需要强调指出的是,构型的方法还有很多,教程中介绍 3 种方法的目的,在于开阔读者的思路。在实际应用时,不应拘泥于某种方式,而要灵活运用,有时需要将几种方法综合运用,这需要读者在实践中不断摸索,掌握各种方法的内涵。

构型是一种拓宽思路的创新设计,具有相当大的灵活性,但这种创新绝不是凭空想象。构型是指重新构筑机构的型式,既然是重构,就必然有依据。其依据之一就是以通过选型所得到的基本机构为基础,去重新构筑机构型式,创造新机构。

要熟练掌握构型的方法,是一件难度很大的事情。**在目前阶段的学习中,要求读者首先培养起机构创新设计的意识,学会以选型所得的基本机构为依据,通过扩展、组合、变异的方法进行机构的构型设计**,然后通过不断的学习和实践了解和学习其他构型方法。

4. 执行系统的协调设计

执行系统的协调设计是一个系统工程,含义很广,既要满足各执行机构动作先后的顺序性要求和各执行机构动作在时间上的同步性要求,又要满足各执行机构在空间布置上的协调性要求和各执行机构在操作上的协同性要求等。

工程实际中的大多数机械,是固定运动循环的机械。当采用机械方式集中控制时,通常用分配轴或主轴与各执行机构的主动件联接起来,或者用分配轴上的凸轮控制各执行机构的主动件。**在目前的学习阶段,主要要求读者能对这类机械的执行系统进行协调设计,即进行运动循环图的设计**。

编制运动循环图的目的,是为了保证机械在工作时各执行机构之间动作的有机协调配合,以完成生产所需的工艺过程。因此,生产对机械工艺过程的要求应是编制运动循环图的依据。

机械的运动循环图是将机械中各执行机构的运动循环按照同一时间或转角比例尺来绘制的。由于机械在主轴或分配轴转动一周或若干周内完成一个运动循环,所以运动循环图通常以主轴或分配轴的转角为坐标来编制。一般选取机械中某一主要的执行构件作为参考件,取其有代表性的特征位置作为起始位置,由此来确定其他执行构件的运动相对于该主要执行构件而动作的先后顺序。

教程中以冷霜自动灌装机为例,详细说明了机械运动循环图的绘制方法,并介绍了 3 种形式运动循环图的特点。读者应结合这一实例的分析,**掌握运动循环图的绘制依据、绘制方法和运动循环图的功能**。

需要指出的是,虽然运动循环图的主要功能是表示出机械中各执行机构之间的相互配合关系,以保证各执行构件动作的相互协调,使机械顺利实现预期的工艺动作,但同时它也为进一步设计各执行机构的运动尺寸以及机械系统的安装和调试提供了重要依据。因此,它在机械执行系统的方案设计中占有重要地位。

这部分内容是本章的重点之一。

5. 方案评价与决策

在传统设计中,由于多是以类比设计为主,以方案可行为目的,故评价这一环节常不被重视。现代设计中,竞争日趋激烈,方案优则胜,寻求优质方案已变得越来越重要,故方案评价已成为设计中不可或缺的环节。

评价就是从多种方案中寻求一种既能实现预期功能要求,又结构简单、性能优良、价格低廉的设计方案。如前所述,实现同一功能,可以采用不同的工作原理,从而构思出不同的设计方案;采用同一工作原理,工艺动作分解的方法不同,也会产生出不同的设计方案;采用相同的工艺动作分解方法,选用的机构型式不同,又会形成不同的设计方案。因此,机械执行系统的方案设计是一个多解性问题。面对多种设计方案,设计者必须经过科学的评价和决策,才能获得最满意的方案。

要进行方案评价,首先需要建立合理的评价指标和科学的评价体系。设计方案的优劣,通常应从技术、经济、安全可靠等方面予以评价。但是,由于在方案设计阶段还不可能具体涉及机械的结构和强度等细节,因此评价指标应主要集中在技术方面,即功能和工作性能方面。教程中通过列表给出了机械系统功能和性能方面的各项评价指标及其具体内容,可供读者参考。在对一个具体的机械系统进行方案评价时,这些指标和内容还需要依据实际情况加以增减和完善,以形成科学的评价体系。

进行评价还需要选择合适的评价方法。教程中简要地介绍了三大类评价方法,目的在于给读者一些入门知识和开阔读者思路。究竟选择哪种评价方法,需视具体设计要求而定。在目前的学习阶段,评分法不失为一个好方法,若在总分计分时能根据实际情况对各个评价指标给出权重,则可使评价更为科学。

目前阶段,对这部分内容的基本要求如下:**了解方案评价在现代设计中的重要作用;能根据产品设计的具体要求,选择合适的评价指标,建立较合理的评价体系;能选择一种评价方法,并运用本课程所学知识对各待评方案进行优劣排序。**

14.3 典型例题分析

例 14.1 半自动平压模切机的方案设计。

1. 模切机的工作原理

半自动模切机是印刷、包装行业用于压制纸盒、纸箱等纸制品的专用设备。该设备可用来对各种规格的纸板或厚度在 6mm 以下的瓦楞纸板进行压痕、切线,经压痕、切线的纸板在沿切线去掉边料后,沿压出的压痕可折成各种纸盒、纸箱;亦可对各种高级精细的纸材压凹凸痕,压制成各种富有立体感的精美凸凹商标或印刷品。

2. 模切机的设计要求

(1) 整机由电动机驱动,每小时压制纸板 3000 张;

(2) 模压行程 $H=(50\pm0.5)$mm,行程速度变化系数 $K>1.0$;

(3) 工作行程的最后 5mm 范围内,模压机构受生产阻力 $F=2\times10^6$N(见图 14.1),回程时不受力,模具和模压压头的质量共约 120kg;

(4) 工作台距离地面约 1200mm;

(5) 要求动作可靠、性能良好,结构简单紧凑,节省动力、寿命长,便于操作、制造。

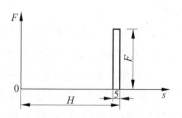

图 14.1 模压机构受力图

3. 设计任务

(1) 进行半自动平压模切机执行系统的方案拟定;

(2) 对执行系统方案进行评价和决策;

(3) 进行执行系统的协调设计,拟定机械的运动循环图。

解 1. 运动规律设计——工艺动作分解

模切机的模切动作(即压痕、切线及压凹凸)包括纸板输送、定位、夹紧,纸板停顿时凹模和凸模加压进行冲压模切,然后将纸板送至收纸台。这一系列工艺动作可分解为由下述的3 个执行机构分别完成的 3 组工艺动作:

(1) 模切机构。在纸板停顿时进行冲压模切。要求此机构具有行程速度变化系数 $K>1.0$ 的急回特性,并且具有显著的增力功能,以便在加压模切时能克服较大的生产阻力。

(2) 走纸机构。将纸板定时送至模切工位,停顿一定时间,等冲压模切完成后将纸板送走。

(3) 定位夹紧机构。在某一固定位置控制夹紧片张开,喂入纸板后定位夹紧送至模切工位,模切后待纸板输送至指定位置时,由固定挡块迫使夹紧片张开,使纸板落到收纸台上。

2. 拟定执行系统方案

(1) 总体布置设想

因工作台距离地面约 1200mm,电机和传动系统可置于工作台下方。走纸机构可采用带轮机构或链轮机构,为便于人工喂纸,应将其布置于工作台上方。模切机构加压方式可有上加压、下加压和上下同时加压 3 种。上下同时加压不易使凸、凹模准确对位,不宜采用;采用上加压方式则模切机构要占据工作台上方空间,不便于操作;故拟采用下加压方式,即将模切机构布置在工作台下方,这样既便于传动又有效利用了空间。如图 14.2 所示,上模 15 装配调整后固定不动,下模装在模切机构的滑块 16 上。

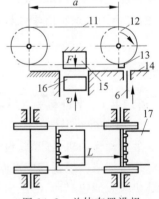

图 14.2 总体布置设想

(2) 拟定模切机构方案

若电动机轴线水平布置,则需将电动机水平轴线的连续转动经减速后变换成模切压头 16 沿铅垂方向的往复移动;为了使模切压头运动至上位时能克服较大的生产阻力进行模切,模切机构应具有显著的增力功能。按照这些要求,模切机构应具有以下 3 个基本功能。

① 运动形式变换功能:将转动变换为往复移动。

② 运动轴线变向功能:将水平轴运动变换为铅垂方向运动。

③ 运动位移或速度缩小功能:减小位移量(或速度),以实现增力($F=W/s=P/v$)要求。

根据以上分析,可构思出如图 14.3 所示的"功能-技术矩阵图"。由于矩阵中 3 个分功能的排列顺序是任意的,故变换 3 种基本功能的排列顺序,可得到如图 14.4 所示的 6 种基本功能结构。只要在图 14.3 所示的"功能-技术矩阵图"中的 3 个分功能中各任选一个机构,就可以组合成一个能实现模切机构总体功能的方案。在剔除重复和明显不合适的方案

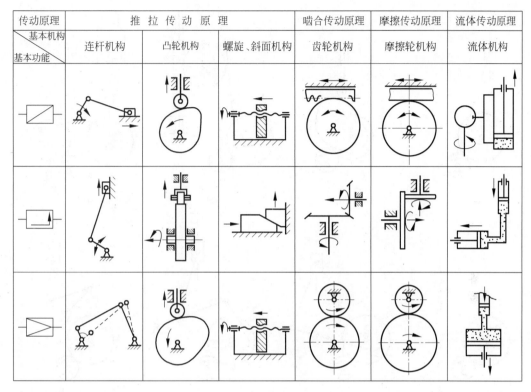

传动原理 基本机构 基本功能	推 拉 传 动 原 理			啮合传动原理	摩擦传动原理	流体传动原理
	连杆机构	凸轮机构	螺旋、斜面机构	齿轮机构	摩擦轮机构	流体机构

图 14.3 功能-技术矩阵图

后,即可得到一系列可供选择的方案。图 14.5 所示为部分方案的示意图。其中方案(e),(g),(h)属于同一类方案,它们均是采用齿轮机构实现运动大小变换功能,采用曲柄摇杆机构将连续转动变为往复摆动,并实现运动大小变换功能,采用摆杆滑块机构实现运动形式变换、运动轴线变向和运动大小变换 3 种功能。其区别仅在于最后一级的摆杆滑块机构中的连杆与前一级的曲柄摇杆机构中的摇杆间铰接点的位置有所不同。

(3) 拟定走纸机构方案

生产工艺对走纸机构的动作要求比较简单,就是间歇送进,故可按照执行构件所需的运动特性进行机构选型。可采用间歇运动机构带动挠性传动机构完成送纸的工艺动作。在间歇运动机构中,可选用能传递平行轴间

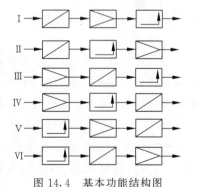

图 14.4 基本功能结构图

运动的不完全齿轮机构,也可选用棘轮机构、槽轮机构;在挠性传动机构中可选用平带带轮传动机构,也可选用双列链轮传动机构。由此可组成多种可供选择的送纸机构方案。

(4) 拟定定位夹紧机构方案

如图 14.2 所示,在输送纸板链上固定有模块 13(共 5 条),其上装有夹紧片。生产工艺对定位夹紧机构的主要要求就是控制该夹紧片按时张开和夹紧,为此可选用结构简单、便于设计的滚子移动从动件盘形凸轮机构来控制夹紧片的张开、夹紧:当移动从动件 6 向上移动时,顶动夹紧片使其张开,在工作台面 14 上,由人工喂入纸板 17;当移动从动件 6 下降时,

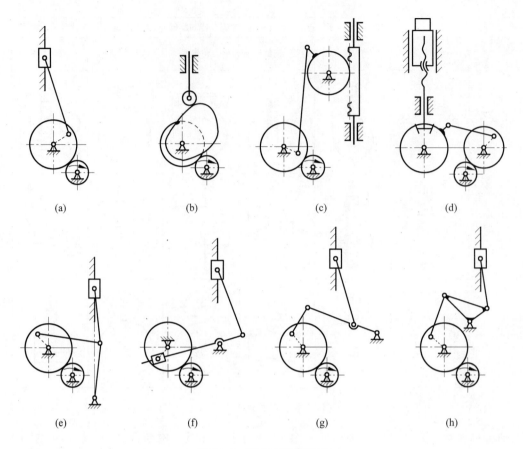

图 14.5　部分方案示意图

夹紧片靠弹力自动夹紧纸板。

3. 方案评价

在设计的这一阶段,由于尚未对各执行机构进行尺度设计,故只能作初步的定性评价。此阶段评价的主要目的,是从多个方案中选出备选方案,以便在完成机构的尺度设计、运动和动力分析后,通过定量评价作出最后选择。

表 14.1 所示是对模切机构 8 个方案从功能、性能、结构、经济适用性等方面进行初步定性评价的结果。从表中不难看出,方案(a),(b),(c),(d)较差;方案(f)尚可行;方案(e),(g),(h)具有较好的综合性能,且各有特点。故这 3 个方案可作为备选方案,进入下一轮设计。

对走纸机构和定位夹紧机构,也可以采用类似的方法进行初步定性评价。前者选择不完全齿轮机构带动双列链轮传动机构作为备选方案;后者选择移动滚子从动件盘形凸轮机构作为备选方案。

4. 执行系统的协调设计

为了保证所设计的半自动平压模切机能够很好地完成预定的功能和生产过程,需要将上述 3 个执行机构统一于一个整体,形成一个完整的执行系统,使它们互相配合,以一定的次序协调动作。为此,需编制机械的运动循环图。下面以方案(e)为例,说明其运动循环图

表 14.1 模切机构初步定性评价表

方案	功　能		性　能				机　构　结　构			经　济　性	
	运动变换	工艺动作	增力特性	加压*时间	工作平稳性	磨损与变形	运动尺寸	加工装配难度	复杂性	效率	成本
a	能实现	能实现	有	较短	一般	一般	最小	易	简单	高	低
b	能实现	能实现	有	可最长	有冲击	剧烈	较小	较难	简单	较高	一般
c	能实现	能实现	有	可较长	较平稳	一般	大	最难	复杂	高	较高
d	能实现	能实现	强	较短	平稳	强	较大	最难	最复杂	低	较高
e	能实现	能实现	强	可较长	一般	一般	较大	易	较简单	高	低
f	能实现	能实现	一定	较短	一般	一般	较大	较难	较简单	高	低
g	能实现	能实现	强	可较长	一般	一般	较大	易	较简单	高	低
h	能实现	能实现	强	可较长	一般	一般	较大	易	较简单	高	低

* 加压时间是指在相同施压距离(5mm)内,下压模移动时间,加压时间越长有利。

的绘制方法。

(1) 确定机械的分配轴。为了保证各执行机构在运动时间上的同步性,将各执行机构的主动件安装在同一根分配轴上,如图 14.6 所示。取凸轮 5 的转轴作为分配轴,将模压机构的主动件曲柄 4、定位夹紧机构的主动件凸轮 5 和走纸机构的主动件不完全齿轮 7 均固定在该分配轴上,并使间歇运动机构的从动件 8 与输送链的主动链轮间采用链传动机构联接。这样,即可保证分配轴转 1 周,各执行机构均完成一个运动循环,达到时间上的同步性。

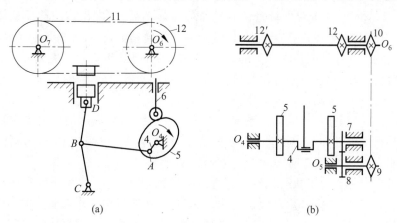

图 14.6 半自动平压模切机的执行系统设计方案

(2) 确定模切机的工作循环周期及各执行机构的行程区段。根据设计任务书中规定的理论生产率 $Q=3000$ 张/h=50 张/min,可计算出其运动循环周期 $T=\dfrac{60}{50}=1.2s$。在这段时间内,模压机构下压模 D 有上升、加压、下降三个行程区段;定位夹紧机构的凸轮移动从动件有上升(使夹紧片张开)、停歇(喂入纸板)、下降(使夹紧片靠弹力自动夹紧)、停歇(等待下一个循环)4 个行程区段;走纸机构的链轮有转动(输送纸板)、停歇(保证在前一工位有足够时间将纸板喂入和在后一工位纸板在静止状态下模切)两个行程区段。

(3) 确定各执行构件动作的协调配合关系。以分配轴转角 φ 为横坐标,选取模切机构的下压模 D 作为参考构件,取其开始上移的起点作为运动循环的起始位置,以此来确定走纸机构的输送链轮 12、定位夹紧机构的凸轮移动从动件 6 的运动相对于下压模 D 而动作的先后次序和配合关系,即可绘制出如图 14.7 所示的运动循环图。

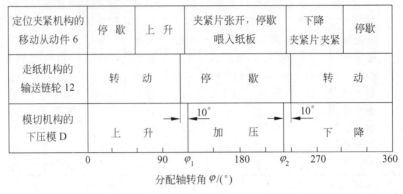

定位夹紧机构的移动从动件 6	停歇	上升	夹紧片张开,停歇喂入纸板	下降夹紧片夹紧	停歇
走纸机构的输送链轮 12	转 动		停 歇	转 动	
模切机构的下压模 D	上 升		加 压	下 降	

$$0 \qquad 90 \quad \varphi_1 \qquad 180 \quad \varphi_2 \qquad 270 \qquad 360$$

分配轴转角 $\varphi/(°)$

图 14.7 运动循环图

在绘制该循环图时,应注意以下几点:

① 主轴自 φ_1 运动至 φ_2 角,相应于下压模向上移动 5mm,此为下压模加压时间。($\varphi_2 - \varphi_1$)越大,加压效果越好。这是模切机构运动设计应追求的主要目标。

② 由不完全齿轮机构控制的输送链轮 12 应比 φ_1 角提前若干度(图中为 10°)停止转动,并延后 φ_2 角 10°开始转动,以确保纸板处于静止状态下模切。

③ 在夹紧工位上,应确保在输送链轮完全停止转动后,凸轮机构的移动从动件 6 才升至最高位置,以顶动夹紧片张开;在输送链轮重新开始转动前,构件 6 应迅速下降,以使夹紧片夹紧纸板。构件 6 在最高位置停歇的时间要能确切保证将纸板喂入夹紧片。

由以上分析可知,模切机中各执行机构的协调运动参数的确定,有赖于 φ_1,φ_2 角的准确值,这有待于模切机构运动设计的完成。

至此,半自动平压模切机的执行系统的方案设计已大体完成。最后的方案还有待各备选方案的运动尺度设计和运动及动力分析完成后,经过定量评价,从中选出最优者,经过适当改进才能确定。

该典型例题具体介绍了执行机构型式选择的过程,并说明了方案评价和运动循环图编制的方法。在进行机构选型时,对模切机构,采用的是按照机构动作功能分解与组合原理进行机构选型的方法;对于走纸机构和定位夹紧机构,采用的是按各类机构运动特性进行机构选型的方法。读者应结合该典型例题的分析,熟练掌握这两种选型方法,并学会对方案进行初步定性评价,掌握运动循环图的编制方法。

例 14.2 普通窗户启闭操纵机构的方案设计。

1. 设计要求

(1) 当窗户关闭时,窗户启闭机构的所有构件均应收缩到窗框之内,且不应与纱窗干涉;

(2) 当窗户开启时,能够开启到 90°位置,此时距一侧窗框 10 cm 以上,以便在室内就可清洗窗外侧;同时距另一侧窗框 50 cm 以上,以作为紧急状态时的出口(见图 14.8);

(3) 窗户在开启和关闭过程中不应与窗框及防风雨止口发生干涉(见图 14.8);

(4) 启闭机构应为一单自由度机构,要求结构简单,启闭方便,且具有良好的传力性能;

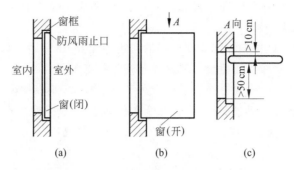

图 14.8　窗户启闭操纵机构的设计要求

（5）启闭机构必须能支持窗的自重，使窗在开启时下垂度最小。

2. 设计任务

（1）拟定机构的运动方案，画出机构运动简图及窗户打开和关闭的两个位置；

（2）分析各方案的优缺点。

解　1. 运动规律设计

根据以上要求，可拟定出机构的运动规律如图 14.9 所示。图中给定了窗开启和关闭时的两个位置以及窗的运动范围；限定了操纵机构在开启和关闭时的应有位置；规定了窗的一端为滑块，以支持窗的重量而不下垂。

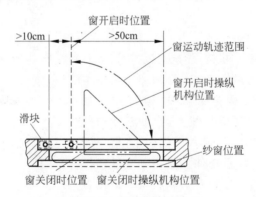

图 14.9　运动规律设计

2. 启闭操纵机构的方案拟定

（1）机构的选型

要求启闭操纵机构实现的最基本功能是使窗户到达开启和关闭两个位置，即要求设计一个刚体导引机构，引导刚体（窗）到达两个预定位置。最简单的刚体导引机构的方案是四杆机构。

方案一　铰链四杆机构

如图 14.10 所示。该机构虽能实现窗户的启闭，但存在以下缺点：

① 窗（连杆）处在全开启位置时，B 点进入窗框之内，造成窗与窗框干涉。

② 若以构件 2 为主动件，则需要转过很大角度才能开启；若以构件 4 为主动件，则窗从关闭位置到全开启位置需经过一死点位置，在该位置，需附加一转矩使其通过死点，否则不能开启。

③ 窗的重量全部承载在构件2和构件4上,会产生较大的下垂度。

方案二　摆杆滑块机构

如图14.11所示。该机构除能实现窗户的启闭功能外,由于滑块可沿窗框移动,因而可支持窗的重量,不会产生较大下垂度。其缺点是连架杆2和滑块4均不宜作为主动件:因为当以构件2为主动件时,由于窗在全开启位置处于死点位置,难以使窗从全开启位置运动至关闭位置;当以构件4为主动件时,由于窗在全关闭位置处于接近死点位置,难以使窗从全关闭位置运动至开启位置。

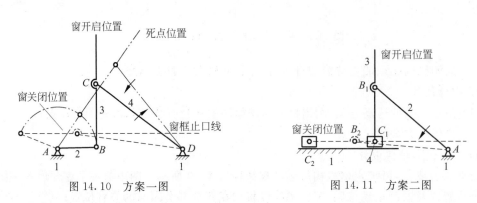

图14.10　方案一图　　　　　　图14.11　方案二图

由于通过选型所得的两个方案均不能完全满足设计要求,故需转向构型,构造新的机构方案。

(2) 机构的构型

以选型所得机构为基本机构,尝试通过扩展、组合和变异,构造新的机构方案。

方案三　以选型所得的方案二(图14.11)为基本机构,尝试通过扩展法构造新的机构方案。如图14.12所示,在构件 AB 延长线上的 D 点添加一RRR双杆组(Ⅱ级组) DEC,形成六杆机构,将窗户固接在连杆 DE 上,并以其为主动件。这一方案已获得美国专利,是目前常用的一种窗户启闭机构。请读者尝试画出该窗户打开和关闭的两个位置,并分析其优缺点。

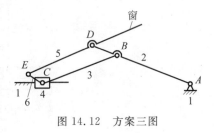

图14.12　方案三图

方案四　以选型所得的方案二(图14.11)为基本机构,在构件 CB 延长线上添加一RRP双杆组(Ⅱ级组) DE,形成如图14.13(a)所示的含有两个移动副的六杆机构方案。图14.13(b)所示为当转动构件2时窗户打开的位置。请读者尝试画出该窗户关闭时的位置,并分析该方案的优缺点。

方案五　以选型所得的摆杆滑块机构(图14.11)为基本机构,尝试通过扩展法来改善机构的传力性能。为使机构具有良好的传力特性,可在机构中增加一RRR双杆组(Ⅱ级组) DEF,使 F 点与窗户导引机构中的连杆(即窗)相铰接,如图14.14(a)所示。由图可以看出,当以 DE 杆作为操纵杆关闭窗户时,作用力与载荷的运动方向间的夹角(即压力角)很小,故有较好的传力性能。但在窗户的全关闭位置(如图14.14(b)所示),由于点 A,B,C 共线,故机构处于死点位置,不利于开窗。为解决这一问题,可在主动构件 DE 上延伸一杆 EG

（DEG 为同一构件），并在窗上设置一曲线槽 H，如图所示。当窗户在开启位置时，G 点不起作用；当窗关闭至 30°位置时，G 点进入设置在窗上的曲线槽 H 中，协助关闭窗户；当位于图 14.14(b)所示的死点位置时，转动 DE，则 G 点可协助推开窗户，越过死点；当窗开至 30°位置时，G 点脱离 H 槽，此后开窗动作全由双杆组 DEF 承担。

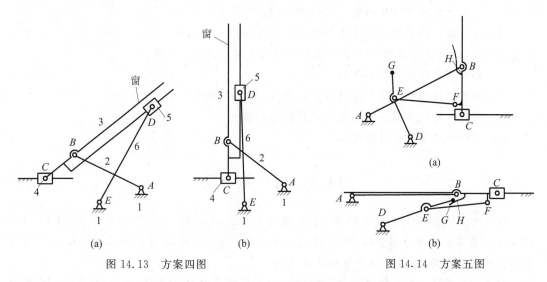

图 14.13　方案四图　　　　　　　　　　图 14.14　方案五图

需要指出的是，在设计该机构尺度时，应保证 H 槽的曲线形状与 G 点进入 H 槽后与窗的相对运动轨迹的形状相一致，这样 G 与 H 形成一虚约束。否则，G 与 H 将会产生干涉，使窗不能运动。该设计方案已获美国专利。

需要说明的是，选择六杆机构为基本机构，通过以不同构件为机架、不同构件为窗和将不同连架杆演化为滑块，还可得到多种窗户启闭操纵机构的方案，有兴趣的读者不妨自己尝试一下。

该典型例题以读者司空见惯的窗户启闭操纵机构为例，介绍了通过机构构型进行创新设计的思路和方法，其目的在于开阔读者思路，破除对创新设计的神秘感。读者不妨自行选取日常生活中常见的实例，分析其不足，提出改进设计方案，尝试突破，以培养自己的创新意识和创造性设计能力。

14.4　复习思考题

1. 简述机械执行系统方案设计的过程，并说明各设计阶段的具体内容。

2. 为什么实现同一功能可有不同的方案？试举例说明设计方案的多解性。

3. 为什么说在功能原理设计、运动规律设计和执行机构的型式设计过程中充满了创造性？试具体说明其创新设计方法。

4. 在进行执行机构型式设计时，应遵循哪些原则？若发现某些原则之间产生矛盾，应如何处理？

5. 试说明选型与构型的关系。两者有什么区别与联系？

6. 常用的选型方法有哪些？各有什么特点？

7. 试举例说明几种构型方法? 为什么说构型与选型相比更具创造性?

8. 为什么要进行执行系统的协调设计? 协调设计应遵循哪些原则? 这些原则是基于什么设计观念?

9. 机械运动循环图有哪几种形式? 各有什么特点?

10. 运动循环图有哪些功能? 试举例说明。

11. 设计方案的多解性是需要进行方案评价的唯一原因吗? 若设计中只得到一个可选方案,是否还需要进行评价? 方案的评价和优选是基于什么设计观念?

12. 如何确定评价指标和评价体系?

13. 评价方法有哪几类? 在目前学习阶段,采用哪种评价方法较为适宜?

14. 在什么情况下需采用实践性的试验评价法?

15. 对评价结果应如何处理?

14.5　自　测　题

14-1　已知主动件作等速转动,其角速度 $\omega = 5\text{rad/s}$;从动件作往复移动,行程 $H = 100\text{mm}$。要求其具有急回特性,且行程速比系数 $K = 1.5$。试构思能实现该运动要求的两个以上可行的方案,并绘出各方案的运动简图。

14-2　试用转动副变移动副、转动副扩大、高副低副互代等方法,在保持图 14.15 所示机构运动特性不变的前提下,使其发生变异,各产生 1～2 个新型式的机构。

14-3　工作要求某机械的执行构件作往复直线运动且具有急回特性,其工作行程为匀速或接近匀速,在空回行程结束时有一段时间处于停歇状态。

(1) 试构思该机械执行机构的运动方案,至少给出 3 个方案,用机构运动简图正确表达出各方案。

(2) 选择其中一个方案进行机构运动简图尺寸设计。已知参数为:执行构件行程 $S = 60\text{mm}$,急回系数(行程速比系数) $K = 1.2$,停歇时间所对应的主轴(原动件)转角为 $30°$。

14-4　低速送料机的方案设计

(1) 工作原理及工艺过程

在自动生产线及自动化机械中,常需要将产品或工件毛坯由一个工序(或工位)转移至另一工序(或工位)。这种转移送料,有较严格的节拍要求(输送速度和停位时间的要求)和位置要求,有时还有较严格的轨迹要求。本题要求设计一个低速送料机构,其推料臂应沿图 14.16 所示 ab 水平线及 $\overset{\frown}{bc}$ 圆弧线推送工件到位,再沿 $\overline{cd}$ 水平线和 $\overset{\frown}{da}$ 圆弧线返回原位。

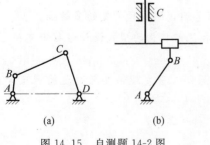

图 14.15　自测题 14-2 图

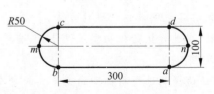

图 14.16　自测题 14-4 图

（2）原始数据及设计要求

① 推料工作节拍 15 次/min；

② 行程速比系数 $K > 1.5$；

③ 推料臂推料轨迹分为以下 4 段：水平推料段($a \to b$)，要求以近似等速推进 300mm；圆弧过渡段($b \to c$)，要求推料臂端点按图示圆弧线运动，经过顶端点 m 到达 c 点，圆弧半径为 50mm；水平返回段($c \to d$)，要求快速返回至 d 点，距离 300mm；圆弧过渡段($d \to a$)，要求推料臂端点通过图示圆弧线顶端点 n 到达起始点 a 点；

④ 工件移动平面(ab 直线段)距安装平面 800mm。

（3）设计任务

① 构思低速送料机构的预选方案，至少提出 3 个方案，画出各方案的运动简图；

② 进行预选方案的评价和决策，选择一最佳方案进行具体设计。

14-5 某自动机采用一个电动机驱动，经减速后分别带动输送带、转盘间歇分度机构、冲头 2 和卸料杆 1，完成对毛坯 3 输送、定位、加工和卸料等工艺动作，理论生产率为 20 块/min。其工艺动作如图 14.17 所示。

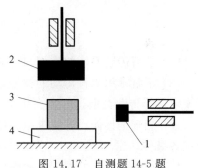

（1）输送带和转盘间歇分度机构将毛坯 3 送至平台 4 上，冲头 2 开始下行；

（2）经 0.8s 后冲头 2 接触毛坯 3，又经 0.2s 冲头将毛坯 3 压缩到指定尺寸，停歇 0.4s 后冲头 2 开始快速返回，至原位置，等待下一个循环；

图 14.17　自测题 14-5 题

（3）在冲头 2 开始返回的同时，卸料杆 1 亦开始动作，经 0.8s 后将毛坯送到指定位置；然后，用 0.5s 退回到原停歇位置，等待下一个循环。

试完成以下设计任务：

（1）设计冲压机构（含冲头 2），绘制其机构运动简图，要求至少有 3 种预选方案，进行方案的评价与决策；

（2）设计卸料机构（含卸料杆 1），绘制其机构运动简图，要求至少 1 种方案；

（3）拟定并绘制该自动机执行构件的运动循环图。

15 机械传动系统的方案设计和原动机选择

15.1 基 本 要 求

（1）了解传动系统的作用和传动系统方案设计的一般过程及其基本要求。

（2）了解常用机械传动的类型、特点和主要性能，掌握传动类型选型的原则，会根据设计要求选择传动类型。

（3）能根据具体设计要求拟定传动路线，合理安排传动链中各类机构的顺序，并能合理分配各级传动比。

（4）了解原动机的类型和原动机选择原则。

15.2 重点、难点提示与辅导

执行系统、传动系统、原动机和控制系统是机械系统的几个重要组成部分。机械系统的总体方案设计，主要是指这几部分的方案确定。本章的重点在于传动系统的方案设计和原动机的选择。

传动系统介于原动机和执行系统之间，它不仅担负着将原动机的运动和动力传递给执行系统的重要任务，而且还要完成原动机和执行系统之间在机械特性和各项性能上的协调匹配功能。因此，传动系统的方案设计通常是在确定了执行系统和原动机的预选方案后进行。它主要包括传动类型的选择、传动路线的拟定和传动链中机构顺序的安排以及各级传动比的合理分配。

1. 传动系统的方案设计

1）传动类型的选择

传动类型的选择是本章的重点。**传动类型选择的好坏，是决定传动方案是否可行，能否达到令人满意的效果的重要因素之一。**要做好传动类型的选择，特别要注意以下两个问题。

（1）了解各类机械传动的特点，尽量选用标准产品

常用的机械传动有摩擦轮传动、带传动、链传动、齿轮传动、蜗杆传动和螺旋传动等。传动类型的选择就是从多种传动类型中选择出能够满足工作要求的传动类型，因此，要尽可能

全面了解各种传动的特点。通过学习和工作实践的不断积累,尽可能多地了解传动类型及其传动的性能特点,这样才能有利于选择出合适的传动类型。

减速是传动系统的主要功能之一,在进行传动系统的减速部分方案设计时,要优先选择已经批量生产的标准减速器,这类减速器具有结构紧凑、运转准确、效率高、维护方便、质量可靠、成本低等有优点。这样不仅可以缩短设计和加工周期,而且可以降低成本,提高质量。只有在选不到合适的标准减速器产品时,才需要自行设计减速装置。

(2) 根据实际情况灵活运用传动类型的选取原则

教程中给出了传动类型选择的基本原则,仅仅熟记这些原则是远远不够的,还必须逐渐学会根据实际情况灵活运用这些原则。具体地说,**在选择传动类型时应考虑初选的执行系统方案的工作情况、初选的原动机的工作情况以及机械的工作环境和场地情况等**。

① 考虑执行系统的工作情况

执行系统的工作情况除了包括运动形式、运动特性(速度、加速度等)、动力特性(所需功率、转矩等)、变速情况外,还包括执行系统的机械特性、工作制种类和载荷性质等。这些情况对传动类型的选择有着重要的影响,它是在选择传动类型时,除功能要求外第二位要考虑的因素。关于各类执行系统的工作情况,在选择传动类型时,可参考各种《机械设计手册》。

② 考虑原动机的工作情况

由于传动系统起着协调原动机与执行系统的作用,故在选择传动类型时,必须考虑所选的原动机的工作情况,这是在选择传动类型时第三位要考虑的因素。

③ 考虑机械的工作环境和工作条件

通常,根据工作对传动系统的功能要求,以及执行系统和原动机的工况,有多种方案可供设计者选择。为了确定最佳的方案,还需要根据机械的工作环境和工作条件等对这些方案进行评价,不满足这些条件的方案(如不适应恶劣环境、不适合频繁启动、结构尺寸过大不适合场地条件等)必须放弃。因此,虽然工作环境和工作条件是最后要考虑的因素,但它往往起着"一票否决"的重要作用。

2) 传动路线的拟定和传动链中各机构顺序的安排

选择不同的传动路线,传动链中各机构顺序安排的不同,将会产生不同的传动方案,直接影响传动系统的传动性能和成本。因此,传动路线的拟定和传动链中各机构的安排顺序,也是传动系统设计的一个重点。但是,由于其灵活性远不如传动类型的选择,故其难度并不高。

(1) 传动路线的拟定

传动路线的拟定主要是根据系统中执行机构的数目和所选原动机的个数,考虑传递的功率大小和传动效率的高低。在满足各执行机构功率要求的前提下,要尽量缩短传动路线,减少运动副的数目和虚约束;要把动力传动链和辅助运动链分开,特别是高速传动链;要合理分配各传动链的功率,使传动中没有大的封闭功率流,以提高传动效率。

(2) 传动链中各机构顺序的安排

多级传动中,一般把结构复杂的传动装置安排在高速端,以减小其承受的转矩,减小其结构尺寸;同类机构的几级传动中,通常应把传动比大的一级置于低速端。此外,要考虑某些机构的特殊性,例如,蜗杆传动机构在较高转速下具有较高效率,通常应安排在高速端;带传动安排在高速端更有利于发挥其缓冲减振和过载保护作用。这些都是在安排传动链中各机构顺序时应考虑的因素。

3) 合理分配传动比

将传动系统的总传动比合理地分配至各级传动装置,是传动系统方案设计中的重要一环。

要合理分配传动比,首先要保证所分配的传动比不超过各类传动机构允许的最大值,各种传动机构传动比的合理应用范围,见教程中的表15.1。其次,要考虑设计对象的具体设计要求,这是传动比分配中的难点,教程中给出了传动比分配应遵循的基本原则,读者需灵活掌握。

2. 原动机的选择

原动机的选择主要按照机械系统的功能、动力要求、环境特点等选择原动机的类型和型号。选择时要考虑原动机的机械特性和工作机的负载特性要匹配。电动机是应用最广泛的原动机,电动机的选择包括选择电动机的种类和型号。选择电动机类型的一般原则是:在满足使用要求的前提下,交流电动机优于直流电动机,鼠笼电动机优于绕线电动机,专用电动机优于通用电动机。在选择电动机的类型时不仅要考虑执行机构的负载特性,还要考虑使用环境、安装防护形式等。电动机的额定功率和转速是电动机的主要参数。电动机的额定功率取决于负载的大小和负载持续的时间,电动机转速选择时要考虑电动机尺寸和传动系统尺寸综合。

15.3　典型例题分析

例 15.1　试设计半自动平压模切机(见例 14.1)的传动系统,并画出其系统方案简图。

解　(1) 预选原动机

根据半自动平压模切机的工作情况和原动机的选择原则,初选三相异步电动机为原动机,额定转速为 $n_H = 1450 \text{r/min}$。因额定功率需在力分析后确定,故电动机的具体型号待定。

(2) 计算总传动比

题目要求模切机的生产率 $Q = 3000$ 张/h,分配轴每转 1 周,模切纸板 1 张,为 1 个运动循环。由此可知分配轴的转速应为

$$n_4 = 3000/60 = 50 \text{(r/min)}$$

故从电动机到机器分配轴 O_4 的总传动比应为

$$i_{总} = n_H/n_4 = 1450/50 = 29$$

(3) 拟定传动系统方案

根据执行系统的工况和初选原动机的工况,以及要求实现的总传动比,拟选用带传动机构和两级齿轮减速传动组成模切机的传动系统,并将带传动机构置于系统的高速端,如图 15.1 所示。

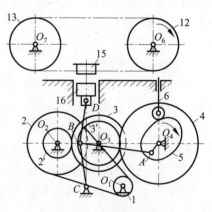

图 15.1　例 15.1 图

（4）分配各级传动的传动比

根据教程中表 15.1 的推荐值,初定带传动的传动比 $i_1 = 3$,第一级齿轮传动的传动比为 $i_2 = 3.1$,第二级齿轮传动的传动比为 $i_3 = 3.2$。选标准带轮直径 $d_1 = 140\text{mm}, d_2 = 425\text{mm}$,各轮齿数为 $z_{2'} = 19, z_3 = 57, z_{3'} = 21, z_4 = 67$,不考虑带传动的滑动率,则实际传动比为

$$i'_{总} = \frac{d_2 z_3 z_4}{d_1 z_{2'} z_{3'}} = \frac{425 \times 57 \times 67}{140 \times 19 \times 21} = 29.056$$

误差 $\Delta i = \dfrac{|\, i'_{总} - i_{总}\,|}{i_{总}} = \dfrac{29.056 - 29}{29} \times 100\% = 0.193\%$,可用。

机器分配轴的实际转速为

$$n'_4 = n_H/i'_{总} = 1450/29.056 = 49.9(\text{r/min})$$

例 15.2 图 15.2 所示为电动绞车的 3 种传动方案。试从结构、性能、经济性及对工作条件的适应性等方面对该 3 种方案加以比较。

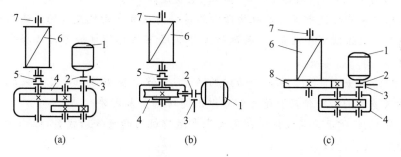

图 15.2 例 15.2 图

1—电动机；2,5—联轴器；3—制动器；4—减速器；6—卷筒；7—轴承；8—开式齿轮

解 图 15.2(a)采用两级圆柱齿轮减速器。由于采用闭式齿轮传动,故适用于在较恶劣的环境下工作,使用和维护方便,适于繁重、长期工作场合。缺点是结构尺寸较大。

图 15.2(b)采用了蜗杆减速器,故只需一级传动就能满足传动比要求,结构紧凑,且反行程具有自锁性。缺点是传动效率较低,长期连续使用时不够经济。

图 15.2(c)采用一级圆柱齿轮减速器和一级开式齿轮传动。成本较低。但由于存在开式齿轮传动,故不适合用于恶劣环境,使用寿命较短。

由以上分析比较可知,在选择传动类型时,必须考虑工作环境、工作制度、场地条件及经济性。

15.4 复习思考题

1. 传动系统与执行系统的作用有何不同? 是否所有的机械系统中都有执行系统和传动系统?

2. 机械传动的类型主要有哪些? 它们各有什么特点? 各适用于什么场合?

3. 传动类型的选择原则主要有哪些? 它与执行机构的型式设计原则有何不同? 为什么?

4. 传动路线是否根据执行机构的多少而定? 什么情况下选用多个原动机? 是否选用

一个原动机成本最低?

　　5.传动链中各机构顺序的安排应遵循哪些原则?

　　6.各级传动比的分配应考虑哪些问题?

　　7.原动机大致分为几类? 各适用于什么场合?

15.5 自　测　题

　　15-1　试简答下列各题:

　　(1)机械系统方案设计时,是否按执行系统、传动系统、原动机的次序来确定各自的方案?

　　(2)试选择一个你最熟悉的机械系统,说明其传动系统的作用及其如何完成执行系统和原动机之间的协调作用(例如牛头刨、车床、电动缝纫机等)。

　　(3)为什么在传动链中带传动机构通常总是安排在离电动机最近的高速端?

　　(4)野外作业的机械和在易爆、易燃的工作环境下工作的机械各应选择什么类型的原动机为好?

　　15-2　既然周转轮系能实现大传动比的传动,为什么机械传动中还要采取多种类型的齿轮传动构成多级的齿轮传动? 是否都可以用周转轮系来代替?

　　15-3　图 15.3 所示为某设计者拟定的带式运输机的两种传动方案,你认为哪种方案较合理? 试分析、说明原因。

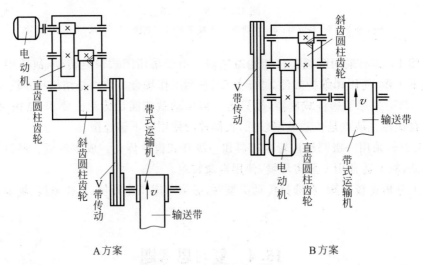

图 15.3　自测题 15-3 图

　　15-4　某带式运输机载荷平稳,单向运转,间歇工作,运输带速度 $v=0.3\text{m/s}$,电动机转速 $n=1450\text{r/min}$,鼓轮直径 $D=300\text{mm}$。设计者初拟了传动系统的 5 种方案,如图 15.4 所示,试从以下几个方面进行分析、比较,并说明原因:

　　(1)传动顺序安排的合理性;

　　(2)传动系统的总效率;

　　(3)传动的外廓尺寸;

（4）缩小蜗杆减速器的尺寸，延长使用寿命；

（5）传动系统的价格。

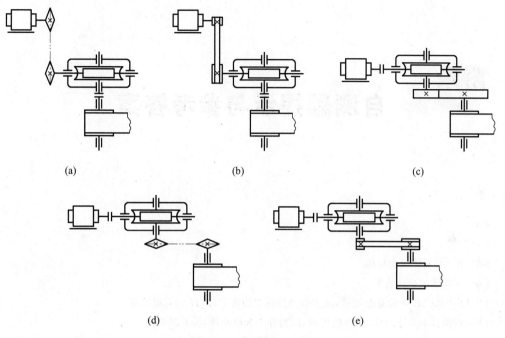

(a)   (b)   (c)

(d)   (e)

图 15.4　自测题 15-4 图

附录

自测题提示与参考答案

第 1 章

1-3 $F=1$

1-4 $F=1$

1-5 $F=0$,不能成为机构

1-6 不能实现设计意图

1-7 $F=1$,C,G 处为复合铰链,滚子处含局部自由度,$CGFH$ 引入虚约束

1-8 以构件 1 为原动件,为 III 级机构;以构件 4 为原动件,为 II 级机构

第 2 章

2-1

(1) 4;取不同构件为机架,转动副转化为移动副,扩大转动副尺寸,杆状与块状构件互换

(2) 相对速度

(3) 转动副中心

(4) 三心定理

(5) ①双曲柄;②曲柄摇杆;③双摇杆;④曲柄摇杆

(6) 曲柄与机架

(7) 摇杆,曲柄与连杆

(8) 最长杆与最短杆长度之和小于或等于其他两杆长度之和且以最短杆为机架

(9) 曲柄摇杆机构中,当摇杆处于两极限位置时对应的曲柄两位置所夹之锐角

(10) 在不计摩擦的情况下,从动件上某一点运动方向与受力方向所夹之锐角。γ 为压力角之余角

2-2 (1) $K=1.57$;

(2) $H=205\text{mm}$;

(3) $\alpha_{\max}$ 发生在 CD 与 EF 导路垂直时,$\alpha_{\max}=25.4°$

2-3 (1) 共 15 个瞬心;

(2) $\omega_6=\omega_2\times\overline{P_{26}P_{12}}\big/\overline{P_{26}P_{16}}$,逆时针转动;

$$v_D=v_{P_{34}}=\omega_2\times\frac{\overline{P_{23}P_{12}}}{\overline{P_{23}P_{13}}}\times\overline{P_{13}P_{34}}\times\mu_l$$

(3) 拆杆组:机构由单杆构件 AB(原动件),两个 II 级组即 RRP II 和 RRR II 组成,其位置模式系数 M 均为 $+1$

第 3 章

3-4 $r_b = 78\text{mm}$；$B = 70\text{mm}$；为减小从动件在推程中的弯曲应力，应使从动件轴线向右偏置

第 4 章

4-1

（1）√　（2）×　（3）×　（4）×　（5）×　（6）×　（7）×　（8）×　（9）×　（10）√

4-2

（1）$r_k = \dfrac{r_b}{\cos\alpha_k}$，$\theta_k = \text{inv}\alpha_k = \tan\alpha_k - \alpha_k$

（2）$\varepsilon_a = \dfrac{\overline{B_2 B_1}}{p_n}$，1.981

（3）$v_刀$ 与 $\omega_{坯}$ 的比值；轮坯中心与刀具中线之间的距离 L

（4）正确啮合条件 $p_{n1} = p_{n2}$，即 $m_1 = m_2$，$\alpha_1 = \alpha_2$，无齿侧间隙啮合条件，连续传动条件 $\varepsilon_a \geqslant [\varepsilon_a]$，齿顶厚不能变尖 $s_a \geqslant [s_a]$，$\varepsilon_a \geqslant [\varepsilon_a]$

（5）正传动，高度变位齿轮传动，当实际中心距小于标准中心距时，负传动

（6）z，m_n，h_{an}^*，C_n^*，α_n，β，x

（7）$\beta_1 = -\beta_2$，$m_{n1} = m_{n2}$，$\alpha_{n1} = \alpha_{n2}$

（8）重合度，轴向力，$8° \sim 20°$

（9）包含蜗杆轴线且与蜗轮轴线垂直，齿轮齿条

（10）大端球面分度圆；当量齿轮；当量齿数；计算不发生根切的最小齿数，计算重合度，用仿形法加工时选择刀号，在计算齿根弯曲疲劳强度时选取齿形系数

4-3　（6）$\dfrac{\overline{B_2 B_1}}{p_n} = \dfrac{37}{28} = 1.32$

　　　　（7）啮合角 α' 将加大；传动比 i_{21} 将保持不变

4-5　$z_1 - z_2$ 负传动

　　　　$z_1' - z_3$ 零传动，为了改善传动质量，采用高度变位齿轮传动

　　　　$z_1'' - z_4$ 正传动

4-6　（1）$p_n = 12.566\text{mm}$，$p_t = 13.373\text{mm}$；

　　　　（2）$z_{v1} = 25.31$，$z_{v2} = 61.46$；

　　　　（3）$a = 153.242\text{mm}$；

　　　　（4）$\varepsilon_\gamma = 2.34$

第 5 章

5-1　$i_{17} = +296.7033$

5-2　$i_{1H} = \dfrac{10500}{16} = 656.25$，轴 1 与轴 H 转向相反

5-3　$i_{AB} = \dfrac{8455}{6} = 1409.167$

5-4　$i_{AH} = -\dfrac{1102}{1232} \approx -0.894$，轴 A 与轴 H 转向相反

5-5　该题有多种方案。其中一种方案为：$z_2 = 20$，$z_3 = 30$，$z_4 = 25$，$z_5 = 30$，$z_6 = 20$，$z_7 = 25$，$z_8 = 35$，$z_9 = 45$，$z_{10} = 40$；输出轴相应转速为 133.333，187.5，257.143，281.25，300，421.875，450，578.571r/min

5-6　$z_1 = z_2 = 18$，$z_3 = 54$，$k = 3$

5-7 （1）$\omega_3 = 65\text{rad/s}$，方向与 ω_7 相反

　　　（2）该题有多种方案

5-8 （1）$n_H = 689\text{r/min}$，方向与 n_5 相同

　　　（3）该题有多种改进方案

第 6 章

6-1 槽轮机构、凸轮式间歇运动机构、不完全齿轮机构

6-2 摩擦式棘轮机构

6-3 防止棘轮反向转动

6-4 凸轮式间歇运动

6-5 空间槽轮，凸轮式间歇运动

第 8 章

8-1 并联式组合

8-2 复合式组合

8-3 复合式组合

8-4 反馈式组合

8-5 $\omega_s = \left[1 - \dfrac{z_2}{z_5}\left(1 + \dfrac{R\cos\varphi_1}{L\cos\varphi_2}\right)\right]\omega_1$，式中 $\varphi_2 = \arcsin\left(-\dfrac{R\sin\varphi_1}{L}\right)$

第 10 章

10-1 （1）槽面的法向反力大于平面的法向反力

　　　（2）驱动力位于摩擦角之内；驱动力位于摩擦圆之内；$\eta < 0$

　　　（3）大，联接与紧固，传动

　　　（4）尽量简化机械传动系统，选择合适的运动副形式，尽量减少构件尺寸，减少摩擦

10-2 等速推开：$F = Q\cot(\alpha - \varphi)$，$\eta = \dfrac{\tan(\alpha - \varphi)}{\tan\alpha}$

　　　等速恢复：$F = Q\cot(\alpha + \varphi)$，$\eta = \dfrac{\tan\alpha}{\tan(\alpha + \varphi)}$

　　　不自锁条件：$\varphi < \alpha < 90° - \varphi$

10-3 $Q = 700\text{N}$

第 11 章

11-1 （1）B　（2）A　（3）B　（4）A　（5）B　（6）A

11-3 $M_r = 6.25\text{N}\cdot\text{m}$，$J_e = 0.39\text{kg}\cdot\text{m}^2$

11-4 $\varepsilon_1 = 133.33\text{s}^{-2}$

11-5 $J_{F2} = 722.67\text{kg}\cdot\text{m}^2$，$J_{F1} = 48.41\text{kg}\cdot\text{m}^2$

11-6 $\delta = 0.09 > 0.05$ 不满足要求；应在高速轴 A 上加装飞轮，$J_F = 0.083\text{kg}\cdot\text{m}^2$

第 12 章

12-1 （1）√　（2）×　（3）√

12-2 （1）平衡设计，平衡试验；在设计阶段，从结构上保证其产生的惯性力（矩）最小；用试验方法消除或减少平衡设计后生产出的转子所存在的不平衡量

（2）静平衡设计；可近似地看作在同一回转平面内；$\sum F=0$ 即总惯性力为零；动平衡设计；不在同一回转平面内；$\sum F=0$，$\sum M=0$

（3）不一定，一定

（4）总质心保持静止不动

12-3　（a）静平衡设计，（b）动平衡设计

12-4　（1）$mr=500\text{kg}\cdot\text{mm}$，$\alpha=233.13°$，质心偏移量 $e=2\text{mm}$

（2）不能满足动平衡要求

（3）校正前 $R'_L=R'_R=2742\text{N}$，校正后 $R_L=1842\text{N}=R_R$

12-5　$m'_b=4.38\text{kg}$，$\theta'_b=-6.01°$；

$m''_b=4.86\text{kg}$，$\theta''_b=172.13°$

12-6　$m_1=1.6\text{kg}$，$m_2=1.2\text{kg}$

第 14 章

14-4　提示：（1）本题未给出工件的尺寸、重量等，故设计的重点在于方案创新设计。通常采用基本机构实现预定轨迹和推程近似等速运动较为困难，可考虑采用组合机构。（2）设计者应构思出多种方案，通过比较和评价择其优者。本题方案评价的侧重点应是实现预定轨迹和推程近似等速运动的精度，同时也应考虑传力性能以及机构的繁简程度和结构紧凑程度等。

第 15 章

15-3　（B）方案合理，分析略

参 考 文 献

[1] 申永胜.机械原理教程[M].2 版.北京:清华大学出版社,2005.

[2] 申永胜.机械原理辅导与习题[M].2 版.北京:清华大学出版社,2006.

[3] 张策.机械原理与机械设计[M].2 版.北京:机械工业出版社,2011.

[4] 黄茂林,秦伟.机械原理[M].2 版.北京:机械工业出版社,2010.

[5] 孙桓,陈作模.机械原理[M].6 版.北京:高等教育出版社,2001.

[6] 张世民.机械原理[M].北京:中央广播电视大学出版社,1993.

[7] 高松海,申永胜.机械原理学习指导[M].北京:中央广播电视大学出版社,1995.

[8] 张世民,张永明.机械原理习题详解[M].北京:中国铁道出版社,1991.

[9] 上海交通大学机械原理教研室.机械原理习题集[M].北京:高等教育出版社,1985.

[10] 张世民,张永明.机械原理解题分析[M].沈阳:辽宁科学技术出版社,1986.

[11] 吕庸厚.组合机构设计[M].上海:上海科学技术出版社,1996.

[12] 机械原理电算程序集编写组.机械原理电算程序集[M].北京:高等教育出版社,1987.

[13] 孟宪源.现代机构手册[M].北京:机械工业出版社,1994.

[14] 曹惟庆,徐曾荫.机构设计[M].北京:机械工业出版社,1993.

[15] [美]阿瑟·G.厄尔德曼,乔治·N.桑多尔.机构设计——分析与综合[M].庄细荣,党祖祺,译.北京:高等教育出版社,1992.

[16] Norton R L. Design of Machinery. An Introduction to the Synthesis and Analysis of Mechanisms and Machines[M]. 3rd ed. New York:McGraw-Hill,2004.